私の新三都

京都　金沢
そして東京は神楽坂

寺田　弘

私の新三都
京都 金沢 そして東京は神楽坂

目次

第一章

三都ついて

Ⅰ　江戸時代の三都　江戸・大阪・京

1　三都の源流は役者の芸談

日本の三都といえば、おのずと東京、大阪、京都があげられる。それに名古屋、横浜、神戸を加えて六大都市といわれてきた。かならずしも人口順ではなく、都市の質的な面かららいわれてきたのだろう。東京はいわずとしれた政治が中心、大阪は経済、京都は文化が中心の役どころをはたしてきたといえる。その意味では三都とは日本全体での役割を分担してきた。外国でみるとフランスではパリ、リヨン、マルセイユ、イタリアではローマ、フィレンツェ、ミラノ、イギリスではロンドン、マンチェスター、エディンバラである。

日本の三都はいつ頃からいわれてきたのであろうか。守屋毅『三都』（柳原書店昭和五十六年）によると、一般に三都が意識されはじめたのは一八世紀の後半の宝暦から天明あたり（一七五一〜一七八八）頃だという。この時期は江戸っ子気質が実質的に成立した時期である。

上方発の「粋《すい》」が江戸にきて「粋《いき》」に変化していった頃だろうか。だからこの頃の三都の気質の比較は、江戸は鼻っ柱の強い「江戸っ子気質」、大坂は「男をみがく気質」、京は「姿を粧《かざ》る気質」であった。

守屋氏によればもともと三都の源流は役者の芸談にあったようで、歌舞伎俳優たちは三都を拠点にしながら興行をおこない、それぞれの地での気質や受け具合などを踏まえる必要があった。いかに人気をとるかは、三都の客の反応にかかっているからだ。

先の『三都』のなかで姉川新四郎なるものが、その芸談のなかで江戸を客気《かっき》の青年に見立て、大阪を分別のつく歳ごろ、京を経験ゆたかな円熟の年配としている。整理してみると次のようになり、興味深い。

江戸	二〇歳	活気	白眼《にらん》で見えでとる
大坂	三〇歳	分別	理非を正して男を立てる
京	四〇歳	経験	始終《しじゅう》をわきまえ物をなす

役者でなく劇作家の記した気質の違いも紹介されている。

江戸	人気荒く	太平楽七分	仕組堅く	侍の心持	人間であれば骨
大坂	人気理屈	義理八分	仕組ねじ合	男伊達の心持	肉
京	人気和らか	色事七分	仕組力薄し	美女の心持ち	皮

式亭三馬の滑稽本『客者評判記』では端的にこう記されている。

江戸っ子　流行
大坂人　一流
京　風流

いずれも今もって、何となく分かるような気がしてくる。

2　江戸っ子文人の京くさし

出典ははっきりしないが、昔から「京の着倒れ」「大坂の喰《くい》倒れ」「江戸の呑《のみ》倒れ」がある。文人といっても江戸の狂歌師二《に》鐘亭《しょうてい》半山《はんざん》になるときつくなる。「花の都は二百年前にて、今は花の田舎なり」（『見た京物語』）と京都をくさす。天明期（一七八一）に入った頃になると、さすがに京都もくたびれてきたらしい。滝沢馬琴の旅録には京のまち、「正月、門松建てる家はなはだすくなし。よほどの家つくりにても、壁に折釘打ってあり。これに注《し》連《め》縄《なわ》を張るなり」。京都批判のもっとも痛烈なものは、江戸後期の狂歌師、江戸生まれの蜀山人《しょくさんじん》こと太田南畝《なんぽ》の随筆『半日閑話』に収録されている「京風いろは短歌稿」だ。作者不明だが、ことによったら太田南畝そのものかも知れない。

「いまぞしる花の都」「ろくなるものは更になし」「はくは茶粥の豆のかて」、（生一本の江戸っ子にとって頭にくるのは）「にても似つかぬうら表」、（所詮京の人間も）「ほしがるものは銭と金」、（そこで）「へつらひいふて世をわたり」、（そして）「となり近所も疎ましく」「ちかしき中をへだてつつ」となる。京の表むき雅《みやび》などは、一皮むけば何言ってやがるという次第。所詮隣人なんかうっとおしいのが本音だろうと、くさしている。

また芝居見物としゃれこんでも、「てんで芝居を見る時は」「あさからわりごかつぎだし」「さじきの上のにぎりめし」「きらを錺《かざ》れるその妻の」「ゆもじは半分さらしなり」「めに見る物はなに事も」「みみに聞いたと大ちがい」――「すめば都ともうせども」「京はあきれはて候かしく」。

まことに痛烈をきわめた京都罵倒である。花の都の京都はかたなしだし、現在の京都人のややこしさもわかろうというものである。

だが、この字句を冷静にみてみると、実は京都の都市としての熟成度をいっているに過ぎないのではなかろうか。京都の代表的な知識人梅棹忠夫《うめさおただお》は、彼の著書『日本三都論　東京・大阪・京都』（角川選書昭和六十二年）で、「社交ルールのきびしさ、都市人のつましさ、風俗の華美など、京都のふかい都市性のまえに、江戸っ子が度をうしなって反発したというおもむきがある」とのたまっている。

先ほどの二鐘亭半山の『見た京物語』の中の次のような記述、「京は砂糖漬のような所なり。一体、雅有て味に比せば甘し。然れども、かみしめてうまみなし。からびたるようにて潤沢なる事なし。きれいなれど、どこやらさびし」なども、悪態、罵倒しているようで、よくよくみれば梅棹先生のいうように、江戸っ子は京文化を前にして、攻めあぐねている感なきにしもあらずだ。

京都一二〇〇年の歴史に比べて歴史の短い江戸なんかは、歯がたたないといったところなのだろう。

それにしても現在の時点から見ても、当時の目とわれわれの目に、あまり感じ方の差がないようにも思えるのは、伝統、歴史、風土、生活規範といった文化なるものは、そう簡単には変わらないということなのだろう。

Ⅱ　三都の現在

1　京都①──東京人の京くさし

現代の三都比較はいろいろあるが、これなど典型的な例でよくあげられるものがある。東京は要領の悪い者、「京都はマナーをしらぬ者、大阪は金もうけの下手な者、東京は要領の悪い者」をいい、三者三様の都市のありようのポイントをついたのは前出の梅棹忠夫だ。『文明の生態史観』を書く人だけのことはある。以降、彼の見解に耳を傾けながら三都を復習《さら》ってみることにする。

ここで注意すべきことは、京都と大阪とはほとんど干渉し合わないことだ。もともと立場が違うということなのか、文化と経済を同一線上で論じ合わないからなのか。経済中心の大阪的価値体系からすれば、京都などは相手にする価値がないのだ。「京都に財界などあるのか」という態度で無視する。文化中心の京都的価値体系からすると、大阪などこれまた相手にする価値がない。京都と大阪の距離は約五〇キロにすぎないのに、そこには深い断絶があり、お互いに知らんぷりするにしくはないのだ。

ところが五〇〇キロはなれた京都と東京は、すさまじく反応しあう。先に江戸の「京くさし」にふれたが、それはえんえんとして続いている。しかも一方的にわめいているのは東京の方だ。京都人が東京の文化性が低いなんて言うのも、一二〇〇年の都《みやこ》であるなら当然だろうに——。切磋琢磨して粉骨砕身、努力しつづけた東京のどこが悪い。大体におい て京都学派なんて何するものぞ。東京は世界の多数の国との窓口対応をしているので、ゆっくり腰を落ち着けて学問に精をだせない。ノーベル賞受賞者が多いからといってのぼせるな。ゆっくりできる環境を提供している東京の政治力に感謝せい。

やれ町衆のおこした祇園祭が凄いなどと言おうものなら、こちらには浅草の三社祭があり、天下祭の神田祭と山王祭、深川八幡祭のエネルギッシュな江戸三代祭がある。このふつふつと湧くエネルギーに、京都は対抗できるのか——。といった言動が東京のあちこちから吹き出てくる。

もともと京都は突出した文化性のために、全国のあこがれのまとであると同時に、憎悪のまとにもなりやすい。特に天皇をいただく東京は、明治以降京都にたいして優位感をもってきたのに、よくよく考えてみれば文化面でとうてい追いつけない。そこでいとおしさと憎さが混ざり合って、京都へのいちゃもんになるらしい。

京都一の人気を誇る清水寺

　ただしこれには、ひとつ注意すべき点があるようだ。京都攻撃の先鋒をかつぐのは、大体が生粋の東京人ではないということだ。地方の出身者で東京で学生時代を過ごし、社会に出てそれぞれの分野でエリートを自負する輩《やから》に多いらしい。努力してやっと東京人としての自覚と資格を得たと思ったら、西の方で輝きを失っていない、文化的に「熟成」された京都なり、「自分が一番」と思っている京都人がいることを発見して慌てふためくのだ。その鬱屈《うっくつ》をはらすのは先制攻撃しかないということなのか。

　いずれにしても京都人には迷惑なことであろう。が、京都もその事情をきちんと察して、決して「東京人は田舎者」とか、「京都中華思想」を云々《うんぬん》しない大きな度量を持ち続けることが肝要だろう。

京都②——過去の尊重をゆるがさない

そういった戯《ざ》れ言にちかい話はここまでにして、京都人のキモって何だろう。京都の多くの知識人の「京都」観を捉えてみると、大体こんなふうになるだろうか。

・**習慣の継続**

天皇をはじめ宮廷貴族の根強い伝統文化と、中世から発生した堅実な商人の文化には、おのずとある種の文化が定着した。例えば東京からの訪問者は，その道での有名店を東京的な名代《なだい》の店として評価するが、京都人にとっては、なにはどこでという単なる習慣として使うぐらいにしか頭にない。つまりそこを使ったからといって自慢になるものではないということだ。この「習慣の継続」は、京都人の著しい特質である。おびただしい数の神社仏閣を中心にした儀式が何百年と続いてきたから、決まった日に決まったことをするのがあたり前で、京都文化は巨大な儀式作法の大系なのだ。

・**行儀作法**

京都人の生活原理には行儀作法主義がある。先ほどの例に出したが､京都の｢阿保｣は｢マナーを知らぬ者」をいう。阿保でなければ、だれでも行儀作法を知っているはずだからだ。京都の若い人たちはバスのなかですいていても大体が立っている。混んでいればもちろん中高年のために決して座らない。いかに道路幅が狭くても青信号を渡らない。常に無視して渡るのは、私のような根っからの東京人か他国者である。外出着も派手にしない。ハレの日や決まった日にしか着ない。それから外れたら世間の目が許さない。東京の人達がとっくに忘れてしまった世間体が、今でも残っているところなのだ。

・過去の尊重

東京人や大阪人から見れば、京都人はおっとりしている。動作が著しくスローモーションなのだ。バスの乗降なども京都が一番時間がかかる。祭りをみてもわかる。東京の祭りは浅草、神田、深川など下町の祭りは活動的である、観客も能動的で深川八幡祭などは、見る側に神輿《みこし》を担ぐ面々にたいして水をかけることを強要する。担ぐ者と見る者と一体となって祭りを盛り上げる。それにたいして京都の祇園祭、葵祭、時代祭のいずれも、ノロノロとよどみ静かに行儀よく見ている観衆のなかを、ゆっくりみやびに進んで、ゆるやかな一大スペクタクルをつくりあげる。

人間関係もいっこうにはかばかしく展開しない。ほんとうの交際のために「ききあわせ」

をし、相手との差をはかる「位取り」をする。また嫉妬が生活の根幹すら覆《くつがえ》す感情であることを十分知っており、「家の内情をみせない」「物も貸し借りをしない」など、その暗黙のルールを守り通すのだ。

　だから京都では、すべてがなかなか進展しない。事態を未来にむかって推し進めようとする力が弱いのである。

　ただ、未来の生活設計は、京都人が三都のうちで一番すすんでいる。未来数十年にわたって、金利の計算、収入・支出の見通しを持っているのがごく普通である。だからといって事業を着々と展開して、未来の経済生活を充実させるという気はなさそうで、たいした成功も期待しないが、どうにかある水準の一生を送れればよいと思っている。京都人にとってはすべて過去の延長であり、過去がすべてを決定するようだ。

　ただし、京都は時にはこういった過去の重圧を意識的、無意識的に反発し、意外や意外、突然「独創性」を発揮した活動にしゃにむに邁進《まいしん》することがある。これなどは京都的なあまりに京都的な特徴といえようか。

2 大阪①――絢爛《けんらん》たる大阪はゆるぎだし……

江戸期の大坂は銅の採掘と精錬技術によって一大豪商になった住友家、醸造業から海運業、両替店を営んで豪商になった鴻池《こうのいけ》家など大豪商を輩出しているが、大体は全国にはりめぐらした商業ネットワークをフルに使い、海路によって物質をコントロールして堂島に米を集積し、その売買によって巨万の富を築いた人々が集まる都市であった。

また、文化的には江戸初期、浮世草子作家の井原西鶴《いはらさいかく》、浄瑠璃作家の近松門左衛門などを輩出して町人文化の華をほこり、後期には町人学者山片蟠桃《やまがたばんとう》、蘭学者緒方洪庵《おがたこうあん》など学芸の面でも、高度な文化を形成したのが大坂だった。上方歌舞伎を育て、文楽は現在でもなお世界に誇りうるものだ。高度な娯楽文化をいわゆる浪華《なにわ》町人が育ててきた。

大坂は上方の雄として、一般町民によって京都をはるかに凌駕《りょうが》する経済的な勢いと、文化的にも底しれぬ潜在的なパワーを秘めた都市であったといえる。

ただし特徴的なことは、海運という当時としては一種の危険性をともなう業態を背にしていたことである。例えば荒れる日本海を渡って北前船《きたまえぶね》によって物資を集めるということは、現在と違って大変なリスクをしょっていたといえる。失敗をおかした商人がごまんといた。そういうこともあって、短期に勝負して、細かくそろばんをはじき、お金のことにしか頭にない生活文化を生み出したことは事実だ。先にあげた大坂の「阿保」とは、「金もうけの下手な者」といわれるのも、あながち的外れではない。実質主義なのだ。

さて、時代を早回しして、大阪は明治、大正、昭和前半と経済都市として輝いた。戦前には東京商科大学の教授から、乞われて大阪市長になって敏腕をふるい、大阪市街の改造に足跡を残した都市行政の権威者関一《はじめ》がいた。「これやこの都市行政の権威者はしるもしらぬも大阪の関」とうたわれた。彼の尽力で幅四三メートル、全長四キロの御堂筋が今でも大阪市内の幹線道路として機能しており、大阪人の誇りとなっている。

この偉大な都市の衰退の兆しは戦前からとも最近いわれているようだが、戦後でも日本的視野、あるいは世界的視野から市民を啓発し続けた司馬遼太郎、生粋の京都人ながら乞われて大阪でも活躍した優れた文明史観の持ち主梅棹忠夫、宇宙的スケールで日本を考えた小松左京、大衆文化をこよなく愛した藤本義一など、多士済々、良質な文化人が大阪を盛り立てていた。

平成に入ってからはこの都市は大変容をきたし、ゆるぎ出した。きっかけは経済の停滞だ。大阪に本社をおく企業が、陸続として東京に本社を移しだした。さらに橋下某という元大阪知事や元市長の大阪都構想や一連の施策によって、大阪が誇る伝統町人文化が停滞し出したのだ。

例えば、戦前から地盤を着実に築いてきた「お笑いの中心」吉本興行も、東京の求心力に抗しえなくなってきたようだ。お笑い道化の大阪文化が、芸人たちの東京移動によって苦境に追いこまれているのが現状だ。それまで「東京がなんぼのものや」といった大阪人の啖呵《たんか》が、弱々しいものに聞こえ出した。そうなると「大阪人にはたてまえがない。本音だけで生きている」「大阪人には、秩序の感覚がない」、はては「大阪人には本来の公共精神がない」と言われ出すしまつ。いよいよ負のスパイラルに入ってきたようだ。こうした大阪の地盤沈下を一体誰が、どのようにして食い止めるのだろうか。

大阪②——大阪しかない都市格の復活を

かつて大阪は、「天下の台所」とよばれた江戸期から日本経済を引っ張ってきた。その栄えある再興については、四日市公害告発でも名を馳せた環境経済学の第一人者で元滋賀県立大学長・宮本憲一が次のように述べている。

「大阪再生には都市格の回復こそ必要なのだ」

文化施設の多寡《たか》や歴史、景観といった総合力が都市格を決めるといわれるが、それが高い都市は人や企業を引きつける。一九七〇年代に財政危機に陥ったニューヨークはミュージカルなど大衆芸術の再生でにぎわいを取り戻した。似た状況にある大阪でもそういった対応が必要なのだと指摘している。

　大阪から文化を発信する雑誌が少ないなか、昭和四十四年から四八年間、季刊『上方芸能』を編集し、平成二十八年六月、読者の減少と資金難を理由に、二〇〇号をもって終刊とした発行人・木津川計《きづがわけい》にここらで是非登場してもらおう。

　昭和四十四年といえば翌年に大阪万博を控え、その年の流行語は「昭和元禄」だった。世に大阪は「がめつい」とか「ド根性」というイメージが定着した頃だ。経済重視の風潮のもとで、上方歌舞伎や文楽が古くさいとして観客が減少し、その存続までも危ぶまれた時期だった。その伝統文化の衰退を食い止めようと、発刊当時の彼は私財を投じながら、大阪の将来を憂い、都市の品格を高めるための論評活動を続けてきた。

　今から思いかえすと木津川の編集方針に共感した執筆者は多く、落語家の桂米朝《べいちょう》もその一人だった。米朝は行政にも遠慮なく注文をつけていた。文楽への補助金削減方針を示した橋下市長に対しても「上質な文化の振興に公的支援が必要」と反論していた。木津川は日本文化研究者のドナルド・キーンら一三〇名の応援メッセージも載せた。だから終刊号

「さよなら『上方芸能』――みんなの思いをこの一冊に」（平成二十八年五月）には、東京から山田洋次も「いつとんでくるか分からないどこかの国のロケットを打ちおとすために、何千億という税金をザクザク使ったりするこの国が、どうしてこのささやかな出版を支えられないのかと腹がたつ」と、四四九人の中の一人として、寄稿メッセージを寄せていたくらいだ。

宮本と同じく、木津川も常々都市格（都市の人格）を問題にしていた。彼の都市格とは、一に文化ストック（教養のストック）、二に景観の文化性（身だしなみの文化性）、三に発信する情報（言動の人間性）、四に住んでいる人のプライドなどから成り立っているとした。「京都に企業の本社がとどまるのはイメージがいいからではないか」。大阪の困難は大企業が少なくなるだけではない。人材も少なくなるのだ。文楽など伝統芸能の活性化こそが、大阪経済復活のカギをにぎるのではないか、近松門左衛門らが活躍した「元禄文化」は平和都市だったし、当時の町人たちが開花させたのだ。

だから、結論だけ言うなら経済力と同時に文化面を復権させること、二〇～三〇年のスパンであらゆる分野の人材を育成することで、都構想などはその際何の役にもたたない。「わが街の大阪らしさをどこまでも守っていくか」だ。

数年前から大阪復権は市民の間で関心が高まっていることだし、宝塚歌劇誕生一〇〇年も超えたことだし、上方落語の常設寄席の復活など将来を構想する話題が吹き出しているおり、しかも二〇二五年国際博覧会（万博）が一九七〇年以来二度目の開催地に決定されるというビッグニュースが飛び込んできたのだから、市民を巻きこんだ大阪再生への論議をますます高めていくべきだろう。カジノが地域再生につながるといったみみっちい経済面だけに固執するのではなく、文化面でもかつての目くばりを絶対に忘れてはならない。昔から大阪にミジメなものがあるとすれば、東京を意識しすぎること、それは己を二流にするだけだということを意識すべきだ。

しかし、おおらかな風土の中で反権力という、この利点は絶対に失ってはならない。「自己責任」といった風潮の中、子どもや弱い人々にも抑圧が強まるなかにあって、「あいつ、阿保やなあ」とか言いながら共感し、「何かできんやろか」といった、大阪人のあのあたたかい人情は絶対に失うべきではないと思う。三都の中で人間関係が一番自由なのだ。

3　東京①――ブランド志向とやせ我慢

京都、大阪の特徴を述べてきたので、東京についても特徴点を数点ピックアップしてみよう。

・ブランド志向

東京には山の手と下町があり、一見相反するような心情や身の振る舞いかたをする。山の手は江戸期に武士団が居住し、下町には町人が住んだ。明治期以降も山の手はサラリーマンや官僚が住み、下町は商業従事者が住む一種の階層社会である。理の山の手、情の下町と相反するものがあるが、それでも政治の中心地東京には共通の心情がある。その第一が権威主義である。ありていに言えば、ブランド志向なのだ。大学なら○○大学，それも国内ナンバーファイブ以内でなければおさまらない。お店も有名店。個人も中身はともあれハクのある権威がなにしろ幅をきかす。

それに反発する下町にしても、権威を前にすると実にもろいものがある。なにしろ水戸御老公の印籠《いんろう》には弱いし、遠山の金さん（遠山左右衛門尉景元）という高級官僚・江戸町奉行の華《はな》の採決には、無条件に拍手を送るのだから。

・意地っ張り

東京は商業、経済活動は盛んでも、それ自体はあまり高く評価されない。大阪が経済合理主義の経済ルール一本槍で評価しようとするのに対して、いかにお金をきれいに使っているかが重要視される。これは一般庶民層をみてみるとよくわかる。「宵越《よいご》しの金」ではないが、本来必要な○グラムや○本でいいはずの買い物に、単位を一ケタも二ケタもあげて、必要でもないのに買い物をしてしまう。ケチくさいと見られることに異常な恥ずかしさを感じるのだ。

祭りでも重い神輿《みこし》を意地になって担ぎ、そこに「人間の尊厳の誇示」と、大いなる錯覚をするのだ。結局は「やせ我慢の意地っ張り」なのだ。京都、大坂の人間からみれば「阿保とちがうか」とさらりといわれるゆえんでもある。

・気を利かす

街なかを足早く歩く、江戸っ子の気質をそのまま現在も持ち込んでいる。ゆっくり熟慮やていねいな態度よりか、即座に判断、臨機応変に対応できるかが勝負になる。先の「阿保」でいえば東京では「要領の悪いもの、臨機応変の対応ができない者」をいう。つまり気が利かないことが最大の悪であり、ダメな人間なのだ。

関西人の仲間内での割り勘が、どうしても腑《ふ》に落ちず、「俺が出す」「私が払う」といった、気の利かし方が身のうちに埋め込まれている。現在の若者が男女の差なく割り勘の支払いをするのを横目でみながら、「男のくせに気が利《き》かない。おごってやれよ」と、つぶやいている中高年の何と多いことか。

東京②――沢田研二『TOKIO』と長渕剛『とんぼ』

ここで日本の首都東京が日本人にとってどのように映っていたか、端的に分かるのが歌謡曲で唄われている歌詞だ。少々古くて恐縮だが、私が『東京―このいとしき未完都市』(日本図書刊行会平成十三年)という本で描き出した、歌謡曲の中の東京の部分を読んでいただこう。

戦前の『東京行進曲』(昭和四年)、不死鳥のごとく立ち上がった戦災後の『東京ブギウギ』(昭和二十三年)で、東京は日本の首都としてその存在を誇った。歌謡曲に唄われた東京への思いがピークに達したのが、今思えば佐伯孝夫作詞、吉田正作曲の『有楽町で逢いましょう』(三十三年)だ。その後水木かおる作詞、藤原秀行作曲『東京ブルース』(三十九年)あたりでおかしくなった。「泣いた女がバカなのか、だました男が悪いのか～恋の未練の東京ブルース」。「だました男=東京」に、東京崇拝者たちは裏切られ始めたのだ。

その後はご承知のように一気呵成であった。作詞橋本淳、作曲中村泰士、歌いしだあゆみの『砂漠のような東京で』（四十六年）、そして高層建築物に埋まった東京をずばり砂漠と言ったのは作詞吉田旺、作曲山田洋、歌クールファイブ『東京砂漠』（五十一年）であった。この歌が映し出す光景はすさまじい。「空が哭《な》いている煤《すす》け汚されて　人はやさしさをどこで棄ててきたの」「ビルの谷間の　川は流れない波だけが　黒く流れて行く」。オイルショックの後の日本列島は大改造に入って行ったが、その頃の東京は血も涙もない街になっていった。

この東京がぶっ飛んだすごい歌が登場した。作詞糸井重里、作曲加藤邦彦、歌沢田研二『ＴＯＫＩＯ』（昭和五十一年）である。コンピューター音楽のピコピコというテクノポップを取り入れた不思議な曲調で東京が舞い上がったのだ。「空を飛ぶ　街が跳ぶ　雲を突き抜け星になる　火を吹いて　闇を裂き　スーパーシティが舞い上がる」。

日本が経済大国として世界中に知れわたり、その中心東京は、混沌《こんとん》としながらも得体の知れないエネルギーを発散する変わった街として世界からみられた折、東京は不思議なパワーのつまった魔法の箱のように描かれたのだ。

砂漠だ戦場だ、夢も愛も生み得ない街だといいながらも、いじらしくけなげに生きざるを得ない庶民の痛みと絶望が、この『ＴＯＫＩＯ』で東京は解き放たれた。だが、そんなに浮かれてはいられないのが現実であった。作詞・作曲・歌・長渕剛『とんぼ』（六十三年）では、「死にたいくらいに憧れた東京のバカヤローが知らん顔して黙ったまま突っ立っている／ああしあわせのとんぼよどこへお前はどこへ飛んで行く」。鹿児島県出身の長渕がとらえた東京は、観念的でも空想的であるはずもなく、正面から大都会に向き合う格闘する男の姿がそこにあった。平成七年、大麻騒ぎや女性関係のスキャンダルで批判を浴びることになった彼は、きれい事のお体裁なんかいらない、いっそ「チンピラになりてぇ」とダダッ子のように東京に相対して、身体ごとぶっつけた歌であった。

この歌の後は歌謡曲の衰退とともに、東京を唄う歌はほとんどなくなってゆく。東京らしさが実質的に消失してしまったのである。

東京③――記号化し・抽象化され・無機化され

東京という生活空間は、まさに「ＴＯＫＩＯ」という「生活のリアリティ」を失ったフラットなものに変化しだした。東京が記号化し抽象化され無機質化され出したのだ。かつて「今日の東京は、近代日本が血肉化した私小説のことばによっては、もはや描けないということである」と、ある評論家が書いた。民族の文学が自分たちの常日頃感じ、苦悩した言語ではもはや描けないという現実が成立しつつあるということは一体何を意味するのか。精神と現実との異様な乖離《かいり》ができてしまった証拠なのではないか。

それをいち早く感じ、見越してきたのが村上春樹であり彼の文学だ。彼の初期の作品の主人公は、ほとんどが生活に密着した現実的な言葉はしゃべらない。自分の好きなアメリカの作家の言葉を引用し、好きなジャズの歌詞を引用するカタログ型の少年や青年たちである。ほとんどはモノローグであり、密室のなかの自閉的な表現である。文体もほとんどがアメリカ文学の翻訳調のものであり、乾燥した透明度の高いものである。お気に入りの部屋やバーで、冷えたビールを飲みながら、お気に入りの作家の本を読みつづける。若い女性から「気分は?」と問われれば「悪くないよ」、「仕事の調子は?」と問われれば、「上々さ」と答える。

村上の描く若者たちにとっては、東京のような「生活のリアリティ」を失った都市では、抽象的な生活しかなく、しかもそれが実に魅力的なのだ。「記号化し抽象化」した現代はとっくに生活感というものが無くなっているのだ。平成二十九年の『騎士団長殺し』にしても、「私」が遭遇する現実と非現実を行き来する冒険が語られたが、それは結局「奇妙な平穏な日常」内のことであり、三・一一後の福島に触れているとはいえ、現実に将来に潜む危機感といったものは消され、しかも現実が既視感のように当然のごとく語られている。もちろん、賢い作者は『騎士団長殺し』の絵の背後にあるナチスのホロコーストや南京大虐殺にまつわる歴史の影を示唆しながら、昨今の歴史修正の流れと闘っていくべきだと主張しているが、はたしてどうだろうか。

昨今東京は少々落ち着いてきたとはいえ、「生活のリアリティ」をどこまで取り戻せるのか、あるいはますます東京は記号化され抽象化され無機質化してゆくのか、この都市の大きな問題として東京は対峙《たいじ》していかなければならない。

Ⅲ　三都以外の気になる都市・まち

1　名古屋は世界都市を目指すというが

名古屋は平成元年、世界デザイン博覧会を開き「デザイン都市宣言」をおこなった。それまで「イナカ都市」とか「ＪＯＫＥ　ＴＯＷＮ」とまでいわれていたまちが一変した。久屋大通公園が緑したたる風情をかもし、ストリートファーニチャーや野外彫刻に彩られた中心街の建物群などの景観デザインによって、大都市の輝きと風格がでてきた。

そもそも都市をデザインすることは、自然の与えてくれた風土をカンバスにして、そこに住む人々の「思い」や「こだわり」や「主張」をふまえ、人間の意志を塗り込める一連の行為である。過去の気質や傾向がどうあれ、課題の山積みがどうあれ、そこに挑戦していこうという、「デザイン都市宣言」の壮図こそわれわれはよしとすべきなのだ、と拙著『往《い》き交《か》いのときめき―名古屋に吹く新しい風』（木文化研究所平成六年）で記した。名古屋在住延べ二〇年の私は、名古屋の躍進を心から期待したものだった。

それから三〇年、残念ながら名古屋はほとんどあの頃と変わっていない。中心地にあるかつて輝いたストリートファニチャーや野外彫刻はくすみだし、新しい芸術文化の創造もさして進まなかった。はては国内主要八都市（札幌、東京二三区、横浜、名古屋、京都、大阪、神戸、福岡）の魅力度を比較した自前の調査で、最下位という結果だった（平成二十八年十月二十四日付け毎日新聞夕刊）。

「あんだけダントツで行きたくない街になるとは、さすがにショックですよ。やっぱりそういうことじゃにゃーのかな」と語るのは河村たかし市長。「訪問する意向」を指数化した比較では、ブービー賞の大阪を引き離し、大差でワーストワン。「最も魅力を感じる都市を一つ選ぶ質問では、たった三％しか選んでもらえなかった。逆に「最も魅力が乏しい都市」と答えた人は三〇・一％で断然のトップ。数字上では、「行きたくない街ナンバーワン」になった。

河村市長はそれでもこう力説する。「戦後の復興事業で焼け野原に見事な道路が整備された名古屋は、道は真っ直ぐ、太陽はさんさん。どやどやっとした人情ある路地を全部ぶっ壊したから、面白みがなく見えるのでしょう」と、淡々と分析する。「東京はいばってますが、日本で一番金をもうけているのは名古屋であり、愛知県ですよ。名古屋は大上納都市ですわ、大半は大トヨタ自動車のお陰ですけど。今、日本中をささえとる」と力説している。それに二〇二二年の完成を目指し着工された名古屋城天守閣の木造復興事業だ。

名古屋人は連携して社会を作り、外の人を交《まじ》えない。地域で完結しているから、例えば食文化などは独特の何でも融合するハイブリットの物を編み出してしまう。名古屋発の喫茶チェーン「コメダ」の小倉トースト、「ヨコイ」のあんかけスパゲティ、「矢場とん」の味噌カツ、ご当地フードなごやめし等々、それらはユニークなだけに国内の枠を破って海外に進出する機会を、今や遅しとうかがっている。そうなれば河村市長が主張するように、「決して『世界のトヨタ』だけでなく、グローバルな戦略で国内評価を気にせずむしろ世界都市を目指す」というのも、都市としての一つの生き方なのだろうか。

名古屋本の中で、「都市は神ならぬ人間が創り出すものであり、都市に生きるすべての人々の全生活や生きざまをかけた創造である」と記した著者としては、名古屋の現状には、少々失望せざるをえない。孤高の都市名古屋の行く末は果たしていかに……。

2　「文化の町」金沢

平成六年に出た故丸谷才一《まるたにさいいち》・山崎正和の『日本の町』は、町を読み解く楽しさに満ちた本だった。最高の教養人の二人が縦横無尽にまちというよりか、都市のひだを読み解き、切り裂いている。特に面白かったのが金沢のまちだ。

文化に対して二人は徹底的にメスをいれている。内容を要約してみると次のようになる。

前田家は徳川家に恭順の意を示すために文化政策をとったが、これは半分は真実。むしろ一向一揆が荒れ狂った土地で非常に理屈っぽく、権利の主張が強い地にやってきた前田家は、これに対抗するのは文化しかないと考え、高等戦術を使ったのではないか。それぐらいの芸当を前田利家はやりかねない。なにしろ「文化」には徳川も浄土真宗も抵抗できない。

金沢の地はなにしろ一向一揆の巣窟である。戦国時代の戦争というのはいわばゲームみたいなところがあり、負ければまいったという作法があったのに、一向一揆だけは本気で戦争する。イデオロギー戦争だから、これを治めるのには文化と知恵しかない。文化は京都からの導入かもしれないが、知恵は江戸流の意気とか歯切れのよさ（さらりとかつキリッとした手ばなれのよいもの）、つまりは江戸武士の心情を持ち込んだ。

イギリス育ちで江戸っ子気質の英文学者・吉田健一（吉田茂の子息）が、『金沢』（『文芸』昭和四十八年）で奇跡的にユートピア的な安息感に満ちたまちとしてとらえたが、これなども金沢が江戸に通じるまちの証明であろう。だからかつて金沢を北陸の小京都とか、京

駅舎風景として世界的に注目された金沢東口のもてなしドーム

都の町に似ているといったが、それは金沢にとって大変失礼ないい方なのだ。

犀川《さいがわ》と浅野川にはさまれて三つの台地と寺町群、それに三つの花街とその中央に城跡と兼六園が扇の要のように位置して、まち全体がコンパクトでしかもきれいである。とどのつまり京都人にとって文化は「生活のタネ」で売り物にするが、金沢人は「自分たちで使うもの」なのだ。町を歩くと非常に気持ちがよいのは、生活というものと様式というものが一致しているからだ等々、といった分析などは読む者を本当にしびれさせる。

最後に二人の生の言葉を一つずつ紹介する。

山崎正和「考えてみると不思議なんです。金沢はわれわれのいまのイメージからいうと、大変クラッシクな伝統的な町のような気がするけれども、実際は新しい町なんですね。何故新しい町がわれわれに伝統的なイメージを与えるかというと、そこが、さっきからいっていることで、一つの純粋なものを守ったということだろうと思うんですね。江戸にできた日本文化の一つの華を徹底的に育てた町だ。時間的には比較的新しいのに、非常にしっかりした地盤の厚さを感じさせるんですね」。

丸谷才一「今、骨董屋の会で値段を決める権威があるのは五都会なんですね。東京、大阪、京都、名古屋、金沢の骨董屋の連合会を五都会というんですよ。これは象徴的なことだと思うんです」。

現在でも金沢は九谷焼や加賀友禅、輪島塗で人気なのだが、町の人たちは観光都市として生きるつもりはない、文化を基盤にして創造都市として生きるといっている。その覚悟、よしである。

3　東京は神楽坂《かぐらざか》

寛永十三年（一六三六）、三代将軍徳川家光は江戸城総構えの最終工事の一つとして、御門通り（現在の神楽坂通り）を作った。家光の政治顧問であり現在の矢来町《やらいちょう》に居を構えたの酒井忠勝の屋敷に通う道路である。忠勝は豊かな学問と教養で幕閣随一の人物とされ、後に大老となり、家光とは絶対的な信頼関係でつながっていた。通りの両側や周辺には、旗本屋敷や御家人の屋敷や小身（地位が低く録が少ない）の武士の組み屋敷などが並んでいた。

この地には中世の牛込城時代以前から町人が住んでいたところで、家康の意を汲んで家光も武家屋敷や寺院を、先住民の町人の間に割り込むように配置していった。家光が通ったこのお成り道は、はたまた酒井大老の登城路でもあり、いつからかハレの道の様相を示しだした。江戸期を通じて結構、人が出る道になっていったようだ。

明治維新後は武士階級の消滅により居住者が減少し寂しくなったが、赤城神社や行元寺の周りの岡場所からある意味発展したと考えられる花街が、通りの一つ裏側の武士階級の屋敷跡に陣取った。そのこともあってか、薩長の新官僚や新しく登場したホワイトカラーが通りや周辺に居住しだし、徐々ににぎやかになっていった。神楽坂通りが出現して三八〇年有余、維新後でも一五〇年というこの若い町は、その後の発展ぶりからみてもよほど良い地霊（ゲニウス・ロキ＝土地の持つ自然、歴史、文化的背景が生む固有の雰囲気）に恵まれたといっても過言ではなさそうだ。

大正十二年（一九二三）の関東大震災後、震災の影響をうけなかったこの地は大正末期から昭和十年代までは、「山の手の随一の繁華街」として多くの人を集めた。戦後の復興の出遅れと花街の衰退により、その後は静かなまちになっていったが、平成に入り商店会とＮＰＯ法人粋なまちづくり倶楽部などの懸命な努力により、平成十七、八年あたりから多くの来街者を集めだし、東京のベスト一〇（銀座、新宿、渋谷、六本木、浅草、吉祥寺、下北沢等）の繁華街に食い込む勢いを示している。神楽坂を愛するフランス人で国際ジャーナリストのドラ・トーザンをして、パリのムフタール通りを彷彿《ほうふつ》させ、フレンチレストランやワインバーも点在し、「プチパリ」と見まがうほどの素敵な町として、「神楽坂、ジュテーム！」（私は大好き）と言わしめている。戦前の往時の賑わいには及ばないが、着実に神楽坂ファンをとりこにしている。

神楽坂の魅惑スポット兵庫横町

年間を通して、夏の商店会の「阿波踊り」、外からの多数の助っ人も加わる秋の市民文化祭「まち飛びフェスタ」、NPO協賛の「神楽坂まち舞台大江戸めぐり」や落語の会、神楽坂大学といった多彩なイベントが湧き出てくる神楽坂は、まだまだその勢いは止まりそうもない。

（結び）

先の故丸谷才一のいう「骨董屋の世界で権威があるのは五都会（東京、大阪、京都、名古屋、金沢）の連合会だ」という言葉の顰《ひそみ》にならって（真似して）、私の「新三都」は①に憧れの都、かつ独創都市「京都」、②に年々まちを磨き続けて国内外から多くの人を集め出した創造都市「金沢」、③に二〇年間、まちづくりの助っ人として通った、躍進続ける粋なお江戸の坂のまち「東京は神楽坂」に決めた。五都のうち大阪は文化的地盤沈下といわれているのでご遠慮願い、二〇年住んだ名古屋も文化的に伸び悩んでおり、やはり少々魅力に欠けるところからこれまたご遠慮願った。以下第二章にて実感の「私の新三都」を描き出す。

第二章

私の新三都
京都 金沢 そして東京は神楽坂

Ⅰ　京都

1　独創都市

優雅な身のまわりと尊ばれる独創性

新奇をいとわないバイタリティ

京都は明治初頭の東京奠都《てんと》によって、急激に衰微し都市としての機能を一気に失った。千年の都から一地方都市に下落した。市中は荒れ果て、人口は急減した。市民の失意は計り知れないものがあった。そんな中で行った画期的な近代化事業が二つあった。一つは地域社会（学区）ごとに住民自らの手で資金を出し合い、六〇数個の小学校学校を建設したことである。日本初の小学校が明治二年（一八六九）に開校したのだ。

もう一つは都市再建策の切り札であった琵琶湖疏水の未曾有の大工事だった。これによって琵琶湖の水が直接京都に入るのと同時に、明治二十八年（一八九五）に日本で初の市電も走らせた。部分的には南禅寺の境内に赤煉瓦の水路閣を通した。これほど大胆な試みは滅多にない。明治期の京都人の精神を想像してみてほしい。これらは廃都がたどる運命を甘受することをいさぎよしとしない、新奇をいとわないバイタリティである。京都はこれで「やはり日本一の都市」という矜持《きょうじ》をとり戻した。

その後太平洋戦争の戦災はまぬかれたものの、産業的にも文化的にも古都としての自信を喪失していった頃の昭和三十年後半に、京都が打って出て世間の注目（非難？）を一身に集めたものに京都タワーの建設があった。京都市民をはじめ全国的にブーイングを受けた。高さ一三一メートル、ローソクのようなタワーは古都にそぐわない、景観に絶対なじまないとごうごうの非難をあびたのだ。それが今ではそこそこにおさまって、京都のランドマークになっている。

平成9年に建て替えられた京都駅舎

それから三〇余年後の平成九年に京都駅舎の建て替えがおこなわれた。これまたその奇抜な内部空間で世間を驚嘆させた。建築意図は京都の条坊制のマトリックスの考え方を多目的デッキの空間分割のシステムとして用い、中央コンコース（広場）を核として段丘状に左右の空間に延びていく大胆な内部空間を展開する。このユニークな空間構成に特徴があると説明されているが、表層的なデザインが京都の琳《りん》派《ぱ》の装飾性に富むデザイン感覚であることと、中央部のガラスと金属でカバーされたアトリウム（中庭）は、空を映し出し壮大な内部空間と空に溶け込む外観を作り出すとして、除々に多くの共感を得ていったようだ。これほどモダンで前衛的な駅舎がどこにあるだろうか。

いずれにしても独創的であること、世間に迎合したり、なびいたりしないという京都人の気質がもろに出ている。これをして独創都市といわずしてなんと言うべきだろう。

祇園祭は意気軒昂

平成二十七年七月十六日六時、祇園祭は前祭りの宵山《よいやま》（前夜に行う小祭）を迎えたものの台風一一号の接近により風雨が強まり、華やかに彩る懸装品《けそうひん》（鉾の四辺の飾り物）や提灯が一部外され、警戒態勢にはいっていた。翌日の山鉾《やまぼこ》巡行は当日朝五時半現在の気象情

台風接近でも繰り出す山鉾巡行（平成27年7月）

報に基づき、実施か中止が判断されるとのことだったが、十七日、風雨激しい中でもビニールをかぶった山鉾は意気揚々と市中に繰り出した。よほど強風が吹きあれ、鉾が倒れる事態が予想されないかぎり、雨天決行だ。ただし物の本によると明治十七年（一八八四）に、悪天候により巡航の中断・延期の中止があったという。

祇園祭の起源は貞観年中（八五九〜八七七）に京で疫病が流行したことにさかのぼるらしい。病を払うために公家や貴族の面々を押しのけて町衆が立ち上がり、神泉苑に六六本の矛をたて、祇園の神をむかえたてまつり、洛中の男児が祇園社の神輿を神泉苑に送って災いの除去を祈ったことが、神事の始まりとされている。

その後、祭りの規模は除々に大きくなり、空車や猿楽なども加わり趣向が凝らされ、室町時代には町々に特色のある山鉾が作られたようだ。応仁の乱前には前祭三二基、後祭二八基の山鉾があったと記録されている。戦乱で多くの山鉾が焼失したが、復帰への町衆の執念とエネルギーに関しては、京都在住の作家・西口克巳の小説『祇園祭』（昭和四十二年）と、それを映画化した日本映画復興協会という名の、中村錦之助、三船敏郎、岩下志麻らが出演したものが昭和四十三年に制作されていた。

山鉾は町のシンボルとして復興していったが、そこで注目すべきことは高価な舶来の懸装品であった。江戸期に入ると懸装品には中国、インド、ペルシャなど海外の渡来ものが使われていった。その中でも特に注目すべきものにベルギー製タペストリー「イーリアストロイア戦争物語――ヘクトルと妻子の訣別の場面」がある。鶏鉾の見送幕と霰天神山《あらてんじん》の前掛が、そこから切り出され仕立てられているのである。さらには近年、この二点のタペストリーと鯉山の幕類は一六世紀後半に制作された五枚連作のうちのもので、工房や作者が同一であったことが明らかになった（この項は四条繁栄会商店街振興会発行『四条』平成二十八年夏号を参照した）。

ここから室町をはじめ周辺の町衆の財力がわかろうというものだが、なにせ中国、インドを通り越してはるか欧州の渡来品まで手を伸ばし、それを自分たちの町の鉾にかかげてしまうというこの根性の見事さである。他をまねせず、独創的であればそれを躊躇《ちゅうちょ》なく取りこんでいくこのバイタリティは、先の明治時代をさかのぼることはるか室町時代応仁の乱以降からの遺伝子というべきなのであろうか。まさに千年の「独創」を尊ぶ都市である。

平成二十六年、四九年ぶりに祇園祭の後祭を復興させ、翌年の前祭には先ほどのように、台風接近の嵐の中でも粛々《しゅくしゅく》と山鉾巡行が行われ、その意気軒昂ぶりはとどまることを知らない。

自然をならす

独創を尊ぶ気風があると同時に、良きものは守り抜くというのも京都人の身上である。典型的なのが山の保護である。近代都市がのきなみ行ったような住宅群のいぎたない開発に対して、東山、比叡山、北山、愛宕山にはこんもりとした優しい樹林に、寺の大屋根や塔を抱きかかえさせている。市中の船岡山、双ヶ岡《ならびがおか》、衣笠山、鷹峯《たかがみね》にも、関東のようなあらあらしい雑木林の野趣ではなくて、人のぬくもりに守られ優雅に整えられた風情のなかに人家を散在させている。

また市中を流れる川の保全である。平安京のいにしえには渡来人秦氏の起用によって河川の整備をおこない、その後も鴨川の堀川への分岐、高瀬川の開削、それに郊外から市中にかけて清滝川、保津川、賀茂川、桂川、木津川を網の目のように整備して、清らかな水の色を保たせ、そこに琵琶湖の水を市中に誘導して水量をゆたかにして、美しい水の色を保全している（川の上流でのゴミ収集には多くの人々の尽力があるようだ）。

京都の風景をして山紫水明というのは、まさにその通りなのだ。応仁の乱や蛤御門《はまぐりごもん》の時の大火に対しても、京都人はスクラムを組んで敢然と修復してきた。数百年の王城の地であった伝統というか力というかＤＮＡは、周囲の自然をことのほか手を入れ、手あつく守ってきたのだ。

他の都市とは違い数十代にわたってこの地に住み、父祖の業を引き継いでいる家々が少なくない町なのだ。それらの人たちによって何年も何年もかけて、オーバーに聞こえるかもしれないが、山や川は磨き上げられて来たのだから美しいのだ。

金閣寺のバックにある山は、寺の林泉と同じように美しい。天竜寺にしてもしかりである。嵐山にしても明治期の写真と比較しても明らかだが、今の方が格段に美しい。自然が京都人の美意識によってみやびなのだ。

生活の息吹にあるみやび

最近でこそ古い建物がこわされ、そこになんの変哲もない無表情なマンションが多数立ち始めているが、一、二本裏道や横丁に入ると、古風なまちが残っている。木が主体の数寄屋の格子窓、むしこ造りの窓や壁をもった家が整然と並んでいる。これは茶屋町や室町の問屋街にかぎったことではなく、西陣界隈などに代表するごく普通の古くからの住宅地の風景である。ちょっとした通りにある最近とみに声高の京町屋風のリニューアル建造物も、この中に入れてもよいだろう。豊臣秀吉が取り決めた御土居圏内には、特にそういった昔の建物の風情が残っている。

町内に必ずあり大事にされているお地蔵様

そこに必ずあるのが地蔵をまつる小さな祠《ほこら》だ。小さな町内のどこかにお地蔵さまが鎮座し、そこに時折熱心に手を合わせる老若の男女の姿が目につく。少子化にともない八月末の地蔵盆は昔にくらべ激減しているようだが、今でも地蔵さまは日常生活の名でしっかりと守られている。もともと地蔵とは、すべての世界をかけめぐりこの世とあの世を行き来できる存在で、だから敷居が低くどこにでも出かけて行き、子供と遊び、罪人を助け、境界を越えて多様な利益を庶民に与える大変ありがたい存在なのだ。その信仰が今もって京都には残っている。住民によって新鮮な花がそえられ、周辺はきれいに清掃され、路地や道が清潔に保たれている。

京都で受講したパネルディスカッションで、不動産業を営んでいるあるパネラーが、「京町屋で商売をしたいという東京の人からの連絡がよくあるが、契約の決め手は京都になじんでもらえるのか、京都を愛してくれるかの一点だ」と言っていたが、さもありなんと思う。まちの片隅には古くから支えてきた「生活の息吹」がお地蔵さまの祠をはじめ数多く残っていて、それを大事に慈しんでいる。それに共感できないようなデリカシーの無さは、京都人にとっては話の外なのだ。そういった生活の息吹を優雅に保っていこうという気概が、京都をして気高くしているのだといえよう。

言い忘れたが身の回りを磨き上げる行為は、古い樹木にも見られることだ。京都の庭の豊かさは大小にかかわらず、山茶花《さざんか》の古木や夏椿なども手が入れられ大事にされている。

桜もしかりである。円山のしだれ桜、平安神宮の外苑の桜、小さいところでは雨宝院《うほういん》（上京区）の御衣黄桜《ぎょいこう》、郊外に出て山国村の車返しの桜なども、季節になると地元の人々の話題を集めている。紅葉もしかりである。たった数株の木にも人々の関心が集まるのも京都ならではだ。

迎合を恥じ本物志向

かつて京都の企業魂を表した『京都の企業はなぜ独創的で業績がいいのか』（講談社平成十二年）という本が出版されていた。その著者である堀場製作所会長兼社長の堀場厚は、毎日新聞（平成二十八年七月）にも同趣旨のこんな話を展開していたので、それらをかいつまんで紹介してみる。そこには独創と古き良きものは守りぬくという、京都人の本質がうかがわれるからだ。東京と比較しながら、いわゆる「迎合を脱し本物を追う」という気《き》魄《はく》がビンビンと伝わってくる。

例えば本社問題だが、わが社は東京にそれを移すことなど夢にも思ったことがない。大阪の企業はどちらかというと、東京に本社機能を移す動きはあるが、京都の上場企業は動かない。東京にはロスやロンドン、パリと同じような都市という感覚でしかない。たった二時間で行ける海外出張のようなもので、得られる情報もそれらの都市と同レベル。むしろ京都にいた方が各業界の選ばれた人と会えて、最新の情報が得られやすい。

一般的に企業というと大企業指向が強い。ブランド力があり、従業員が多く、売り上げ規模が大きい会社が良いと見られがちだ。東京は特にその傾向が強い。京都では従業員三〇人足らずでも三〇〇年続いた和菓子屋や呉服店、料亭の経営者などが会合で上席を占めて、下座の方に上場企業が座ることも珍しくない、という。

古きを守り抜く継続は力だという暗黙の規範があって、序列も自然とそうなっているようなのだ。京都では独創的で本物であれば、会社の大小にはかかわらず、認められるという価値観が厳然としてあるのだ。これは東京にはない。東京はポピュリズム（大衆迎合主義）の塊で、大きいこと有名なことがまず大事。支持の多いことが価値の高さのすべてをになっている。逆に京都人が一番嫌うのが、このポピュリズムなのだ。

京都の飲食店なども最近はくずれだして行列が出始めたが、そもそも京都人は格好が悪いので並ばない。「迎合」や「なびく」は恥だと考えている。だからあのバブルがはじけた時にも、京都では潰《つぶ》れた会社がほとんどなかった。流れに任せて投資をしたりしないのだ。ここにも本物にしか興味を示さない京都人の気質が表れている。

東京は儲かると思うとその方に流れるが、京都の企業はその分野での一番にこだわる。結果的には村田製作所、京セラ、任天堂、日本電産、ワコール、堀場製作所など、京都のほとんどの上場企業の製品は世界一か日本一だ。東京も早く本物志向に変わるべきかもしれない。東京はあたかも花電車のように外から見たらきれいだが、金にあかせて、いろんなロスをいっぱいしている。昨今のオリンピック会場に関する一連の不祥事、東芝の体たらくを見ているとぐうの音も出ない。

こういった本物志向の京都人の生き方が、誰言うともなくいわれる「日本人には京都人とそれ以外しか存在しない」という、かの都市伝説が生じてくる由縁なのだろう。

「しあわせ」に満ちあふれ

この「独創性」や「本物が一番」はまことに結構だと思うが、これが行き過ぎると思わぬ落とし穴が待っていることも注意すべきだ。

国際日本文化センターの井上章一教授には、『つくられた桂離宮神話』『美人論』等の著作があるが、『京都嫌い』（朝日新聞出版平成二十七年）は実に面白い本だった。京都洛中人の中華思想にはほとほと参ってしまうという内容である。「ええか君、嵯峨は京都とちがんやで――」といわれ、彼は本当に頭にきていきまいていた。

いきさつはこうだ。彼の生まれは花園、育ったのは嵯峨宇野の嵐山界隈。中学から洛中の学校に通うも、町中の子は京福電鉄《けいふくでんてつ》に乗ってくる奴を見下す。京大の建築科在籍の大学四回生の時、町家の調査をやることになり、京大仏文の高名な某教授の立派な町家に送り込まれた。その時、自分の言葉を聞いた教授が「嵯峨とはなつかしなア、よくあの辺りのお百姓さんが肥《こえ》をくみにきてくれたんや」、そして先ほどの「ええか君、嵯峨は京都とちがんやで――」といわれたのだ。

「これって、中華思想なんですよ。すごくいやなんです」。なにしろ京の一番の中心地は祇園祭で山鉾をだすところ、区でいえば中京、下京あたり。「うちは鉾町やから」みたいなプライドがすごい。御土居の内側といえ、西陣あたりの人の発言に対しても「西陣風情がそんな偉そうなことをいうんか」だ。

それにこうした中華思想は東京のマスメディアがあおっているとにらんでいる。洛中にある息をのむような社寺の桜や紅葉、路地をゆきかうハッとする舞妓さん、うまそうな懐石料理――。そんな写真に満ちあふれている。「そうだ京都に行こう」のポスターもそれをあおっている。首都であおられた京都の情報が、洛中の中華思想を増長させている。「そんな京都の中華思想なんて、とっとと消えろ、と、思います」。

だが、マアマア内輪もめはほどほどに。それに次ぐ氏の京都ものの著書『京女の嘘』（PHP研究所平成二十九年）の最後のページを読んで、なるほどそうだったのかと私は妙に了解したものだった。

その本はここ数年前に立ち上がった『京都しあわせ倶楽部』（編集主幹・柏井壽）が刊行したものだ。その刊行にあたっての文章はおおむねこのように記されている。


そして今、かつてないほど多くの観光客が訪れている。古今にわたって、内外から人はなぜ京都に集まるのか。世界遺産を筆頭に広く知られた寺社があり、三大祭に代表される催事があり、かてて加えておいしいものがたくさんあるから。だが決してそれだけで、人が京を目指すのではない。目に見えず耳にも聞こえないが、京都には「しあわせ」という空気が満ちあふれている。それを肌で感じ取っているからこそ、多くの人々が京都に集い、そして誰もが笑顔をうかべる、のだ。

これって、自己満足の語るに落ちるところはあるかも知れない。が、京都には鴨川が悠々として流れ、東山が美しく、まち全体がみやびでその文化も優雅だというだけに満足していない。その中から何か新しいものが生まれてくるのだという気概が市民の中にあるのだ。その静かなぞくぞくした感じが京都のキモなのだ。

古きを守って安住せず、独創的な革新を尊ぶ都市京都には、優雅な身のまわりと独創性が見事に調和しており、千年の古都京都はそれ故に日本の先頭に立つ前衛都市でもあるのだ。

その気魄《きはく》やこころ根が、訪れる人々にえもいえない期待感と心地良さを生み出しているのだ。その結果、「京都しあわせ倶楽部」の称える、「しあわせ」の空気を漂わせることにもつながっているのかもしれない。それだからこそわれわれは京都に何回も足を運ぶことになるのだろう。

日本に京都があって本当に良かったと、心底思うのだ。

2　エッセイ　京都憧憬《しょうけい》

そうだ、京都に住もう

五〇年余のサラリーマン生活を終えるにあたり、「修学旅行」ならぬ「修職旅行」をしようと思い立った。それならば京都だ。期間は一年間、しかも一人で自由、気ままに暮らすことだ。

家内をうまいこと説得し（ひたすらお願いし?:）、京都の真ん中、中京区の三条堀川のマンスリーマンションに腰を据え、平成二十七年の一年間、京都で暮らした。それはまるで夢のような至福の時間だった。

何故、京都なのか?:学生時代からかの地に通うことうん十回、それなのにだ。だが、やはり何と言っても「**京都の五色　江戸の黒**」だ。京の五色あるいは錦は、絢爛豪華《けんらんごうか》でかつはんなりとした繊細さをもっている。「江戸の黒」をして、「京の五色、大阪の三彩を全部塗り込めてるんだ」といった負け惜しみなんか通じない。

雪に映える金閣寺

それを裏書きするように平成二十七年の京都は、「琳派誕生四〇〇年」の各種の催しで私を出迎えてくれた。本阿弥《ほんあみ》光悦《こうえつ》が家康から鷹峯《たかがみね》に敷地を拝領し、町絵師俵屋《たわらや》宗達《そうたつ》と組み、やまと絵の伝統を継承し、約一〇〇年後に出た尾形光琳《こうりん》、乾山《けんざん》兄弟がその手法を洗練させ、絵や身のまわりの工芸品にデザイン性に富んだ一大芸術作品を次々に生み出した。

それらを堪能しつつ祇園、先斗町、宮川町、上七軒等々の花街に年来の悪友連を誘い込み、片っ端からくりだして堪能した。一日たりともじっとすることなく、寺社仏閣に足繁く通い、桂離宮、修学院離宮、仙洞御所など特別拝観は当然のこと、雪の金閣寺、桜の清水寺から紅葉の永観堂と、地図にある有名無名の寺を訪れたのはいうまでもない。ついでに山寺にも出かけ雲ヶ畑の志明院、鞍馬を越えて峰定寺、北山杉に溶け込んだ常照皇寺といった、市中にはない峻厳な趣も味わった。そうそう「**古京すでに荒れて、新都いまだ成らず**」と嘆いた鴨長明の日野山中の方丈庵跡も、私の一押しの場所だ。

「イケズ」は常にそこにある

ところで、京都で私を悩ませたのが京都人の「イケズ」(意地が悪いこと)論議だ。例の「ぶぶ漬《づ》け」伝説は、東京人の良識を狂わせる。私が二〇年かけてまちづくりに励んだ新宿区の神楽坂に二ヵ月に一度位のわりで京都から訪れると、彼ら彼女らは異口同音に「京都は住みにくいでしょう」とくる。

確かに京都人も人が悪い。私が京都のバスでは若い人やヤンキー系の女性までもが老人に必ず席を譲ると感心して京都の人に話すと、たまにはこんなゆがんだ話をする人もいる。「あれはねケバイ姉チャンとキモノ姿の老婆の**対決の場**なんよ。『どうみてもあんたらバアチャンらが先にいくんだから今のうちに座ってきよし』、一方『おおきに、おおきに。はな、おっちん(腰掛け)させてもろうて、冥土のみやげにあんたの怪体《けったい》な格好でも眺めさせてもろうわ』と、腹のなかで思ってますのや」。これではあんまりだ。

だが次なる『京都ぎらい』という本には参った。千年の古都のいやらしさ、ぜんぶ書くと称して平成二十八年の新書大賞を獲得した本だ。すでに先に紹介したように、著者の井上章一氏は京都生まれの国際日本文化研究センターの教授で副所長。京大の学生の頃、著名なフランス文学者のところに訪れた際、京都弁をしゃべる井上氏に「君、どこの子や」。「嵯峨から来ました。釈迦堂と二尊院の、ちょうどあいだあたりです」。すると一呼吸おいて彼はこう言った。「昔、あのあたりにいる百姓さんが、うちによう肥をくみに来てくれたんや」。

京都の洛中至上主義は今でも生きていて、「ええか君、嵯峨は京都とちがうんやでー」と言われたことを、彼は今もって腹に据えかねている。**「洛中千二百年の『花』と『毒』」**のあらわれなのか。

またこんな笑うような話もその本の中で紹介されている。結婚適齢期という考え方がはばをきかせていた頃、とうがたったお嬢さんに山科から縁談話がきた。「とうとう、山科から話があったんや、もう、かんにんしてほしいわ」「山科の何があかんのですか」「そやかて、山科なんかいったら、東山が西のほうに見えてしまうやないの」。

文化や芸術、われにあり

京都でお付き合い願った元大学教授で当時八〇才の抽象画家・藤波晃氏との対話中、私に東京ってどんなところかと聞くので、かくかくしかじかと話していたら、「東京はそういうところですか。私はヨーロッパの都市には毎年何回となく行っていますが、実は東京に行ったことがないのです」「……」。この話は決してイケズのものでない。

彼の絵画展の案内文章を読んで納得した。「京都市中京区に生まれた私は、その伝統や歴史、環境や文化等におのずから培われて生きてきました。そして、京都人としての独特の思考傾向や美意識、感覚等が自然に身についたのかも知れません。もちろん欧米の歴史や文明、文化や芸術、そして哲学や思想にも興味は充分ありますが、しかし現代芸術の動向やコンテンポラリー・モード（流行）等には、全く関心ありません」。

この文章のライン部分を「東京」に変えたら、先の会話とまったく同じだ。つまり情報が飛び交い、経済、経済といって人としての情操や文化や芸術を顧みず、高層、超高層ビル建設に執心してふるさと意識も育てない東京に対するアンチテーゼで、「**京の東京いらず**」なのだ。なんという京都の文化や芸術にたいする信頼と自信であろうか。

もう一人、戦後京都の文化活動に欠かすことのできない裏千家の前家元・千玄室さんの話を、秋の日本ペンクラブ京都大会で聞いたとき、ああなるほどと深く感じ入ったものだ。特攻の出撃を直前にして終戦を迎えた氏が、仲間の死に吹き上がる憤りを感じて京都に帰ってきた時、目にしたものは進駐軍が「裏千家の茶室に日本の文化を知ろうと来ていた」そうな。憎きアメリカの将兵が不慣れな正座をしながら、「いかがですか、お先に」と勧めあう姿に衝撃を受けたのだ。お茶の前になんら区別や差別はない。氏はこれで「文化の力」と「文化は平和だ」ということを悟ったとのこと。つまり「文化は武器よりも強い」と氏は感じ入ったのだ。それ以来「**一撃より一碗**」をとなえ、渡米してアメリカに学び、以降世界七〇ケ国以上で茶道の精神を紹介しつづけてきたという。

先人が育て、時代が磨き上げた「文化や芸術」にたいする畏敬の念とスピリットを、そしてそれらをおのおの立場で引き継ごうとしているのが、京都人であるらしい。都市や街が育てた文化や芸術をわれわれが担うという気概があるのだ。とうてい他の都市の者はかなわない。多分私もそういったところが積年の京都憧憬につながっているのだ。

京都の街は「はひふへほ」

京都を彩る各種の祭りにも文化や芸術が現れる。葵祭もそうだが特に祇園祭の山車の豪華さは芸術品そのものだ。そしてギラギラせずにはんなりとして周囲の家に調和している。はんなりとは内に秘めた強さであり、しなる竹は折れないというたとえが似合う言葉だ。そういえば京都の街は「はひふへほ」といったのは、すでに先ほど大阪の項で紹介したが、長らく立命館大で教鞭をとった「上方芸能」を主宰した木津川計氏だ。はんなりとした都市性を持ち、ひんやりとした水、ふっくらとした東山がある。「へえ、おおきに」という京都弁、ほんのりとしたイメージ。ひらがなの柔らかい雰囲気が街に広がっている。

縦と横の二系統の地下鉄と縦横無尽に走るバス、ろうじ（路地の京都周辺のいい方）や辻子《ずし》（小路）がはりめぐらされていて、数多くのお地蔵さまが子供たちを守り、少なくなったとはいえ町家が目のとどくところに点在している。しかも自然と文化の距離が近く、どこにでも歩いて行ける究極の街が京都なのだ。その都市の骨格を千年も守り通し、しかもそれを後世に残そうとする都市格の高さをしめす「**尊敬されるまちの哲学**」があるのだ。

ちなみにここ一〇年ですっかり文化を無くしたと氏が嘆いている大阪は、「ばびぶべぼ」だ。ガメツク、ドケチ、ド派手で濁音がつく都市。神戸は「パピプペポ」で半濁音がもつ弾んだイメージとか。

次に京都人そのものにも触れておこう。少々「イケズ」や「洛中至上主義」が鼻についても京都人には実がある。例えば「イケズ」にしても、それは立ち居振る舞いを教えあい、特に若い人やよそから京都に来て住む人々を啓発し、世間の物笑いにならぬよう教育につとめているのだ、と私は見た。また京都人は「腹が知れない」ともいわれるが、それは京都人がまず相手の格や人品をじっと見て、一歩引いて自分の内側に、つまり腹の中に落としこんでいるからなのだ。だから「己の主張をまず口にする」節度のない東京人とは、そもそもできがちがうのだ。

　節度をもって真摯《しんし》に対すれば、京都人くらい親切な人種はいない。私のようなよそ者にも、一度内側に入れたら徹底して優しい。彼等は**やさしくてやわらかな心**の持主なのだ。お陰でそこらへんを了解しかけた私に、京都の人は徹頭徹尾やさしかった。数度訪れた四百年の歴史を誇る京都有数の老舗の菓子屋の女将などは――夏の盛りに寺めぐりして汗びっしょりの私が店に飛び込み、「菓子ももらうけど水おくれ！」といったら、「貴方は水よりビールの方がよろしいやろ」と言って、実際にそれをタダで飲ませてくれたほどだ。ぶぶ漬け神話などクソ食らえだ。京都新聞社ＯＢの男性などは、文芸に対する私の関心を正しく認めてくれて、友人関係をと手を差し伸べてくれた。

打ち上げの喜びはいつまでも

そんなわけで京都では数多くの友人を得た。だから平成二十七年の年末の私の京都打ち上げは、それはそれは楽しいものだった。それに間に合わせて制作した自分史の出版記念会とかねて、銀閣寺のすぐ側の白沙村荘のレストラン「NOANOA」で行った。白沙村荘は近代の日本画家、橋本関雪画伯が自らの手で作庭した日本庭園で、「芙蓉池」には仕事場「存古楼」や茶室「憩寂庵」が映り、しかも眼前には東山大文字の眺望が屏風のように張りめぐらされている極上の庭園である。まずその庭と記念館で全員こころゆたかな刻《とき》をすごし、それからパーティだ。

集まったのはコンビニでアルバイトに励む一〇代の男女の大学生をはじめ、二〇、三〇、四〇、五〇、六〇、七〇から八〇代までの各年代の京都の人と東京、埼玉、神戸から加わった方々と私の家内の二〇名。なごやかではんなりしたスピーチの間に、京都の男性による三味線の弾き語り、はたまた京都在住のセミプロの女性歌手の「アメイジンググレイス」「サリーガーデン」の独唱など、感激と喜びの連続だった。それは東京の瞬間的な喜びとはひと味もふた味も違う、京都独特のやわらかくいつまでも**心に染みる喜び**だった。

さてさて以上のように贅沢でリッチな京都生活を私はしてきたのだが、自宅に戻って数ヶ月、東京は深川の下町育ちで江戸の粋《いき》をしたり顔で力説してきた私の意識に、確実な異変がおきている。

「**京の浮気と、江戸の間男**」。――京都で浮かれて帰ってみたら、かみさんが戸棚に間男を隠しているらしく、戸棚が気になって気になってしょうがないといった気分だ。戸棚から気になる間男――京都の粋《すい》や数寄やあるいは好きをとりだし、無性に誰かと語り合いたいのだ。

そこで諸氏にお願いしたい。どうか相手になって欲しい。特に京都出身者、京都の大学出身者、それに私のように京都が好きな同好の方々は、どうかこの私を見かけたら前置きなしに京都について語り合ってもらえないだろうか。そして京都についてもっともっと教えていただけないだろうか。

最近、しきりにそんなことを想っている。

（一般社団法人ディレクトフォースメンバーズエッセイ平成二十八年掲載）

3　街角スケッチ①

方丈石

われここにあり！

長明の隠れ家

京都の地下鉄東西線石田駅で下車し北東方向に約二〇分歩くと、日野薬師法界寺に着く。この寺は藤原北家《ほっけ》にあたる日野氏の菩提寺で、弘仁十三年（八二二）に慈覚大師《じかくだいし》円仁により贈られた伝教大師最澄《さいちょう》の自刻の薬師如来の小像をお祀りし、薬師堂を建立したところである。その寺の横道を山にむかって歩くと、「是より約二五〇M鴨長明方丈石」という標札がたっている。そこから清冽《せいれつ》な流れに沿って山道を登ること約一五分、突然水成岩の巨大な岩に行き当たる。鴨長明《かものちょうめい》が最後に住んだ方丈庵の跡地である。

長明は久寿二年（一一五五）、加茂御祖神社（下鴨神社）の正禰宜《せいねぎ》鴨長継《かもながつぐ》の次男として生まれた。七歳で父方の祖母の家を継いだが、父親が三〇代半ばで死んだので、神官としての昇進の道を閉ざされ、祖母の家を出て賀茂川のほとりに移住して庵《いおり》を結んだ。五〇歳

巨大な水成岩の方丈石

の春に出家、洛北大原の地に隠遁《いんとん》すること五年、五五歳でここ日野に移ってきたのだ。ここは西にひらいた谷戸《やと》(谷)の奥だから風当たりも少ない。さほど山深いというのでもなく、里が遠いということでもない。

建物のあらましは『方丈記』にこと細かく書かれている。「東に三尺余りの庇《ひさし》をさして、南に竹の簀子《すのこ》を敷き、その西に閼伽棚《あかだな》を作り、北によせて障子をへだてて阿弥陀の絵像を安置し、普賢を掛け、前に法華経を置けり――」。現在、下鴨神社内の河合神社《ただす》に長明生誕八百年記念事業として、方丈庵が建てられているのでこれは必見の価値がある。

彼の特技は歌であり琵琶であるが、もう一つ忘れてはならないのが建物の図面引きである。彼は何をやっても一流なのだが、図面引きは今でいえば建築デザインであるが、この腕もたいしたものであった。まず建てる場所を「ここでなければならない」場所を選び抜いている。注意深く調査、選定した形跡があるし、今その地を訪れても何となく優雅なのである。

そこから「わしゃ、ここにいるぞ！」と、都の友人・知人にアピールしていたのである、と思えてならない。だから私は京都滞在中に二度も日をかえて、出かけてみる気になったのだ。だからここは長明の隠遁の場ではない。いわば隠れ家だ。

書かれなかった二つの失態

「ゆく河の流れは絶えずして、しかももとの水にあらず」――『方丈記』の冒頭の一節にとらわれすぎて、人の命を含めて人や家や財といったものは、この自然界でいかにもろくはかないものかと、まるで筆者が遁世したかのように解釈され、世の無常を説く本であると、われわれは高校時代の受験テキストによって刷り込まれているが、どっこいこの本をよく読むと、そんなことは全然ないことに気がつく。

安元三年四月二十八日かとよ。風はげしく吹きて静かならざりし夜、戌《いぬ》の時許《ばかり》、都の東南より火いできて西北に至る。果てには朱雀門、太極殿、大学寮、民部省などまで移りて、一夜のうちに塵灰《じんかい》となりにき。／火元は樋口富ノ小路とかや／近き辺はひたすら焔《ほのお》を地に吹きつけたり。空には灰を吹き立てたれば、火の光に映じてあまねく紅なる中に、風に堪へず吹き切られたる焔、飛ぶが如くし一、二町を越えつつ移りゆく。其中の人うつし心あらむや。

この時の長明の目は興奮でキラキラと輝いている。

都の三分の一を焼き尽くした安元三年（一一七七）の大火、治承四年（一一八〇）のつむじ風、突然敢行された同治承四年の福原遷都と治承五年（一一八一）の大飢饉、それに京とその周辺の国々を襲った文治元年（一一八五）の大地震――これなどは彼自身被災地を踏破して「そのさま世のつねならず」としているが、これらは長明の二〇代から三〇代の事柄であった、

この後に、彼は自分の誇りにかけて『方丈記』には書かなかったが、歌と琵琶で大失態を演じている。簡単に言えばこうだ。まず歌道は俊恵に師事、グングン腕をあげた。四〇歳半ばに『千載集』に載った一首が面白いと、後鳥羽天皇から地下《じげ》（清涼殿に昇殿するこ

とはできない身分)であるにもかかわらず再興された和歌処の寄人《よりうと》(和歌を選定する役人)に任命され、そこで「夜昼奉公怠らず」涙ぐましい精励ぶりで天皇の恩顧に報いようとした。そこまではいいのだが調子に乗りすぎて、高級官僚の歌詠みたちも辟易《へきえき》するような細工をこらし、皆から顰蹙《ひんしゅく》をかってお払い箱になった。

もう一つは琵琶だ。こちらは中原有安に師事し、琵琶の名手として将来を嘱望された。そこまではいいのだが、これまた調子に乗りすぎてはめをはずし、秘伝である曲を仲間に披露してしまったのだ。当時秘曲をみだりに演奏したりすると「是重き犯罪なり、すみやかにただすべき」とされた。なぜなら家伝の秘曲は卑俗にいえば財産の一つであるから、この件は藤原孝道という貴族が後鳥羽院に訴えているくらいだ。

といった失態により長明はもう官僚たちからは相手にされない、その世界から蹴《け》り出されてしまったのだ。つまりお調子者なのだ。それ以降何をやっても彼は世間からシカト(無視)される存在であったが、彼はそれでもこりない人であった。最後は自分で選んだ土地に、自分が設計した方丈庵で暮らすことになった。「ふん」といって、「宮廷の閉鎖社会なんてなんとも退屈そのものだ」「貴族なんて、そんなにあんたらはえらいのか、たいした才も有るわけでも無いのに」と、開き直ったところなきにしもあらずだ。だから前にも述べたようにこの地は彼の隠棲の地ではなく、隠れ家といったところなのだ。

悟りも悔しさも突き抜けて

ところで五八歳の時、ここで一気呵成《かせい》に書かれた『方丈記』は、最終の段を迎えると突如仏道修行者の立場で厳しく自己批判を展開し、その道理を問い詰めても解決の糸口はつかめず、苦渋の情を吐露しながら閉じられ、深い余韻を残すことになる。

――自分は山の端近い残月のように老い先短い身だ。そんな身に今さら何を弁明しよう。仏は執心なかれと説いてくれた。今、私が草庵を愛し、静かさにひかれるのは往生のさまたげになる行為である。いまさら無用な自賛に時を浪費する余裕はないはずだ。

この最終章は、まさに読む者をしてほろりとさせ、現世での志の成就《じょうじゅ》しなかったことに深い同情を覚えさせる。この締めによって『方丈記』は不朽の古典となり、現在までも読み継がれているのだ。てっとり早くいえば、この本の魅力は「人と栖《すみか》」の無情を主題にし、苦悶しながらも人間の生きる道をまさぐったプロセスを論理的に構築し、その確かな構造と和漢混合文による各種の手法――例えば比喩、連鎖法などを駆使した格調高い文章力によるともいえる。

五〇有歳の試行錯誤の跡を記したといえば、それはそれで貴重なものである。わずか一万字の中に一つの長くて重い人生が封じ込められている作品は、ほかに見当たらない。


さて、この後は私の深読み読後感である。

もし外がうららかなれば、峰によじのぼってはるか都を思い、木幡山、伏見の里、鳥羽、羽束師を見、峰続きの炭山を越え、笠取を過ぎて、岩間にもうで、石山を拝んでいる。蝉丸の翁の跡を弔い、猿丸の墓を訪ね、帰りには桜を狩り、紅葉を求め風雅の道を深めている。

果ては友人の飛鳥井雅経にさそわれて時の将軍源実朝のいる鎌倉に出向き、自説の歌論を売り込んでいる（これは失敗している）。そのしっかりした足腰と頑健な身体、気宇の壮大さは並のレベルをはるかに越えている。しかも方丈庵の中にあっては思う存分琵琶を弾き、秘曲をひびきわたらせているし、闊達《かったつ》な文章を書き殴って、『方丈記』以外に四冊も本を書き残している。山里の風情を十二分に満喫しながら「こんな贅沢の味を他人はわかるまい」と、秘かにほくそえんでいる。人に関しても、都の有名人の生死に異常な関心を示し、人と情報のネットワークを常に保持しようとしている。山の番人の子を可愛がり共に散歩をしているし、金にも困った様子もない。

ありていにいうならば、いつか来るはずの都のお声がかりや人の関心が集まることを死ぬまで待っていたが、それもかなえられなかったというあたりが本当のところではなかったか。『方丈記』の文の裏から聞こえてくる「うぬ！」といううめきや「それはないぞ！」といった愚痴は半端でない。

彼は『方丈記』執筆から四年経った建保四年（一二一六）、六二歳でこの世を去っている。マッチも電気も店も無い時代に人里をはなれ、八年間も方丈で生活できる人のその精神力って何だろう。彼はまさに最後までトゲのある御人だった。

私の大胆な推測が許されるなら、こんなに多芸、多能、多趣味の彼は、最終的には、仏門における悟りも世間に対する悔しさなども、ある意味軽く突き抜けていったのではないだろうか。私にはどうもそんな気がしてならない。だから『方丈記』は書かれた時代から現代に至るまで、人によっては座右の書であり、人生のバイブルになりえているのだ。

街角スケッチ②

京都の漱石

すれ違う男女　川を隔てて一句あり

小さな行き違い

銀閣寺の近く銀閣寺通り西に日本画家・橋本関雪《はしもとかんせつ》（一八八三～一九四五）の邸宅、白沙《はくさ》村荘《そんそう》がある。その一角に私は気に入ってしばしば赴き、のんびりとした時間を楽しんだ「NOANOA」という軽食喫茶の店がある。その日もそこでこころゆくまでのんびりして、帰路はいつものように歩き出し、銀閣寺道から真如堂前、東天王町、熊野神社前、川端丸太町から一気に南下して鴨川にかかる御池大橋を渡りきったところで、偶然にもひっそりとたつ夏目漱石の句碑を発見したのが始まり。句碑には——

北大嘉（木屋町三丁目にあった名旅館）に宿をとりて川向こうの御多佳《たか》さんに

春の川を隔てて男女哉　漱石

「春の川を隔てて男女哉」の句碑

とある。大正四年三月、漱石（一八六七―一九一六）が四度目となる京都滞在時に、かつてこの場所付近にあった宿「北大嘉」で詠んだ句といわれている。京都では有名な句のようだが、浅学の私は知らなかった。横にある銘板によると、この句碑を建てたいわれが記されている。

漱石が最初に京都に訪れたのは明治二十五年七月で、友人の正岡子規と一緒だった。二度目は明治四十年春、入社した朝日新聞に『虞美人草』を連載するためで、三度目は二年後秋に中国東北部への旅の帰路であり、四度目がこの大正四年の春で、随筆『硝子戸の中』を書き上げた直後であったという。

この時漱石は、画家の津田青楓《つだせいふう》のすすめでくだんの宿に泊まり、祇園の茶屋「大友《だいとも》」の女将・磯田多佳女と交友をもつが、ある日二人の間に小さな行き違いが起きる。漱石は木屋町の宿から鴨川をへだてた祇園の彼女を遠く思いながら発句を送った由。それが句碑にある「春の川」の句である。この銘板平成十九年十月、京都での漱石を顕彰する「京都漱石の会」が発足したのを機に建てたとある。

文芸芸妓《げいぎ》・磯田多佳女のこと

しからばお多佳さんとはどのような人であったろうか。

彼女は歌を詠み、俳句を良くし、若い頃から文芸芸妓の評判がたかく、多くの文人や画家に愛され、祇園に「大友」という茶屋を始めてからも、しばしば芸術家たちがこの茶屋にやってきた。芸妓であるからもちろん三味線をつまびき、小唄、端唄《はうた》のノドも確かだった。客の一人谷崎潤一郎も『磯田多佳女のこと』という小品で、詳しくその才女ぶりを紹介している。

さて大正四年の三月二十日、漱石は京都在住の友人である画家の津田青楓ともう一人の三人で夕食をとることになったが、女気なしでは味気ないと、急にお多佳さんを呼ぶことになった。実は漱石は友人から京都に行ったら多佳さんに会うようにとすすめられていたのを、青楓に話したからである。その夜、多佳は漱石に会った。その情景を漱石研究家の小林某が『漱石と多佳女』の中で大略こう書いている。

漱石は写真でみるといかめしい風貌で内心恐れていたが、いざ会ってみると打ちとけて面白い話をしてくれるので、初対面からお互いに気の合った二人はあたりかまわず洒落《しゃれ》を飛ばし合い、同席の二人のどぎもを抜くほどであった。しかしながら漱石の洒落や微笑の中にもおかしがたいリンとした気性がうかがわれて、彼女は心中ひそかに敬服したのであった。思わず話がはずみ長話をした多佳は、どこかで十二時を打つ時計の音にびっくりして辞去した云々《うんぬん》。

こうして漱石と多佳女は初対面からお互いに憎からず思うようになったらしい。翌々日には漱石が彼女を招いて豪華なご馳走をした。二十四日に「北野天満宮に梅を見に連れて行って欲しい」と漱石は頼んだ。当日は天気も良く多佳に誘いの電話をしたところ、彼女はある男性と遠出していていないという。漱石は裏切られた思いで、腹をたて京都市内を歩き回り、宿に戻り詠んだ句が歌碑にある「春の川――」だ。

あまりのショックからか漱石の胃の調子が急変し、翌二十五日の昼過ぎに多佳を訪ねた漱石は「寂しさのあまり胃の調子がおかしくなった。もう東京に帰ろうと思う」と子どもじみたうらみ言をいったという。多佳は平あやまりに謝った。ようやく漱石の機嫌はなおったものの、その後三十日の夜、大友に立ち寄ったところ本当に胃がいたみ出し、彼は二日間も大友で寝込み、彼女の介抱を受ける始末だった。

わがままな坊ちゃん夏目漱石

胃の調子が回復したのは四月の半ばで、気分転換に京都にでも行ってきたらと勧めてくれた鏡子夫人まで、京都に駆けつけての帰京とあいなった。だからこの京都行は漱石にとってさんざんなものだったようだ。だが話はこれで終わらなかった。東京に戻ってしばらくした漱石は五月半ば、多佳に対して痛烈な手紙を書いている。

——あなたを嘘つきと云ったことについてはどうも取り消す気にはなりません。あなたがあやまってくれたのは嬉しいのだが、そんな約束をした覚えがないというに至っては、どうも空とぼけてごま化しているようで心持が好くありません。（中略）是は玄人たる大友の女将御多佳さんに云うのでは有りません。普通の素人としての御多佳さんに素人の友人なる私が云う事です――。

この「玄人のあなたではなく素人の御多佳さんに云うのだ」ということなどは遊びなれない若者の弁のようでおかしい。まさに「坊っちゃん」そのものだ。

このお多佳さんのすっぽかし事件を京都新聞社時代から熱心に研究調査を積み重ねて、自身の著書に『祇園の女―文芸芸妓磯田多佳』（中公文庫）をもつ碩学《せきがく》の杉田博明氏はこう推察している。「京都で天神さんといえば二十五日の縁日のこと。多佳は二十五日と考えたのではないか」と。もう一人、元京都女子大学教授の水川隆夫氏は自著の『漱石と京都』で「犯人は京ことば」で、同じ「おおきに」にでも、ニュアンスの違いで謝意にもなり辞意にもなる。この京ことばの特質が漱石をして歓迎と勘違いさせたのだろうと述べている。

いずれにしても東京人（江戸っ子）のそそっかしさとあつかましさだ。言葉通りの解釈しか無く、京都の日常生活に埋め込まれている感覚の機微を理解できず、また理解しようとも思いもつかない東の人間のありようが、恥ずかしながらまる見えだ。これに対して多佳はひと言も弁解、弁明をしていない。

ところで漱石はその六月から『道草』を書きはじめている。夫婦がすれ違う描写が見事なこの小説は、お多佳さんとのこの事件がおおいに活かされたようだ。何があってもその体験を筆に落とし込む技量の確かさは、実に大作家そのものである。ちなみに漱石は翌年の大正五年に死去している。

蛇足ながら、「かにかくに祇園は恋し寝るときも枕の下を水の流るる」という祇園を代表する吉井勇《よしいいさむ》のあまりにも有名なこの短歌は、大正四年に出版した吉井の『祇園歌集』にでてくる歌で、白川に沿った新橋通りに昭和三十年にその歌碑が建立された。その場所こそ多佳の茶屋「大友」の跡地であった。

さらに蛇足ながら平成二十九年は、漱石生誕一五〇年にあたる。その記念行事の一つとして「漱石と京都」（花咲く大山崎荘）という展示がアサヒビール大山崎荘美術館で行われていた。この四回目の京都滞在中、漱石は関西の実業家加賀某の熱心な招待にこたえて大山崎に建設中の加賀の山荘を訪ねていた。二〇代の加賀は、大胆にも文豪漱石に山荘の命名を依頼し、漱石も快く引き受けた。後日、帰京した漱石が加賀に宛てた手紙には、工事の進捗を気遣う内容や一四もの呼称案が記されていたという。

この書簡を送った翌年に漱石は亡くなり、翌々年に山荘は完成している。その手紙の文中に一句記されていた。

宝寺の隣りに住んで桜哉

その手紙が期間中に初めて一般に公開されていた。漱石の飾らない人柄と心意気を示すエピソードでもある。

街角スケッチ③

琵琶湖疏水

近代都市を築いた命の水

今なお偉容を誇る水路閣

京都の名勝の一つに南禅寺の水路閣がある。

「絶景かな、絶景かな」と、かの石川五右衛門が感嘆の声を発したともいわれる南禅寺の三門を過ぎて、しばらく歩いて行くと右側にその偉容があらわれる。南禅院という格調高い南禅寺発祥の地の門前をふさぐようにそれは建っている。高さ一〇メートル、全長九二メートルのレンガ造りのアーチ橋、これが水路閣である。琵琶湖から水を引き、京都市民の生活や産業を活性化させる京都復興の切り札であった琵琶湖疏水の施設の中でも、水路閣はひときわ荘厳な景観を誇っている。

完成したのが明治二十三年（一八九〇）。だからゆうに一世紀を超えたわけだが、レンガ橋は古色を帯び南禅寺周辺の緑と完全に調和しており、私が訪れた八月の陽射しのなか

京都復権のかつてのシンボル、水路閣

でも、その存在感にはただただ驚かされる。もちろん南禅寺という鎌倉期からの由緒ある名刹《めいさつ》の玄関口直前を突っ切って、こんなローマの水道橋ばりの建造物が突然出現したのだから、京都市民ならずとも吃驚《びっくり》したのは当然だったろう。完成後に鋭く批判したのは福沢諭吉であった。「いわゆる文明流に走りたる軽挙」だときめつけた。「日本国中のみならず、世界有数の遊園として誇るべき地の装飾物を破壊に附し――」とその舌鋒は鋭い。

だが、今となってはどうだろう。工事に全面的に協力した南禅寺の先見の明をありがたく思う。一見「過去の遺物」に見えるが、橋の横道をたどって閣上の水路を見てみると、さわさわと心地よい音をたてて水が流れており、今もって立派に現役なのだ。疏水分線というルートで永観堂に向かい、その水はやがて法然院下の哲学の道の脇を流れていく。

京都復興を導いた琵琶湖疏水

さらにつけくわえるならば、反対方向五〇〇メートルほどさかのぼると蹴上《けあげ》という地がある。琵琶湖の取水口から来た第一と第二の両疏水の合流点である。ここには高低差三六メートルの船溜《ふなだまり》の間を結んだ傾斜鉄道「蹴上インクライン」の軌道が残っている。船を台車に載せて運ぶケーブルカーのような仕組みだが、他には見られない広い軌道に目が引きつけられる。「インクラインという耳慣れない言葉も、京都の近代化を一般の人に知らしめる効果がありました」と語ったのは、京都育ちでノンフィクション作家の田村喜子《たむらよしこ》（一九三二〜二〇一二）だ。都新聞社の報道記者を経て文筆活動に入った人で、ずばり『京都インクライン物語』の著者である。この作品によって昭和五十七年に第一回土木学会著作賞を獲得している。

「船が山を登るのを目の当たりにして、京都の人たちにも元気がでたといえます。疏水による水力発電で京都に全国初の路面電車が走り、「京都はやはり一番」という思いも抱けました。優れたインフラは精神の活性化にもつながるものなのです」と、彼女は生前に語っていた。

　そもそも疏水事業は、京都を復興させるための計画事業だった。古くから日本の経済も産業も文化も、すべて京都で育成されてきたことは万人の認めるところではあるが、いかんせん京都は立地条件としては高地の内陸都市であり、水運に恵まれないという決定的に不利益な条件下にあった。都が東京に移った明治維新後の京都は人口、産業ともに急激に衰退していった。従って琵琶湖から直接水を引いて京都を近代都市にするということは、京都の為政者にとっては起死回生の切り札であり悲願だった。

　府知事に就任した北垣国道《きたがきくにみち》（一八三六〜一九一六）が、その事業計画を主導した。実際の工事と設計は工部大学校を卒業したばかりの弱冠二一歳の田辺朔郎《さくろう》（一八六一〜一九四四）があたった。第一疏水は全長八・七キロ。途中の長等山《ながらやま》トンネルは最長二・四キロもあった。予算は当初、当時の金額で六〇万円だったが、工事が難航して工期も延び、最終的に倍額にふくれあがった。それを京都の発展のためと、京都市民は歯をくいしばって税金と寄付金で賄った。第二疏水も含めてこの工事の苦難ぶりと、工費にたいする市民の頑張りは先の田村の『京都インクライン』に詳しい。いずれにしても琵琶湖疏水は、京都全市民が立ち上げた一大プロジェクトであった。

田辺の熱意が美しい景観に結実

工事全体を俯瞰《ふかん》してみよう。第一水路（大津市―京都伏見区）、第二水路（大津市―山科区）、分線をあわせて総延長約三〇・七キロ。第一疏水は明治十八年に着工、五年後の明治二十三年に完工、翌年に蹴上発電所が完成した。明治四十一年に第二疏水着工、大正二年に完工。第一疏水トンネル出入り口、蹴上インクライン、南禅寺水路閣など一二箇所が国指定史跡になっている。

田辺朔郎氏の孫にあたる元JR東日本都市開発の田辺陽一は、かつてこんなことを語っていた。「もし琵琶湖疏水が予定通りに早く出来上がっていたら、哲学の道の西の鹿ヶ谷付近の高級住宅街は工場群になっていたでしょう。哲学者西田幾多郎をたたえる『哲学の道』なんてのもどうなったことやら」。

当初は水流を利用した水車群をつくって多数の工場を誘致して、産業を活性化する計画だったのだ。工期が延びた間にアメリカでは水力による発電所ができたのを知って、田辺が急遽渡米してその状況を視察。計画を変更して蹴上に水力発電所を作ることにした。その電力で先ほど話があったように、京都に全国初の電車が走ることになったのだ。

田辺のような新進気鋭の土木設計者でなければ、計画通り水車が建設されており、こんな大胆な転換はしなかったろう。若い田辺の情熱が発電所をつくり、電車事業などにつながり、特に水路閣や哲学の道の美しい脇水路といった都市景観に結実することになったといえる。琵琶湖から京都に水をひいて「全区を潤沢」させる疎水工事がどんなにたいへんなものであったか、想像するに余りある。北白川の疏水は分線で、南禅寺のあたりから北行して若王子神社、法然院などのそばを通る『哲学の小道』の疏水となる。土地は北から南へ下がっていても、疏水は南から北へ流れるように底の勾配《こうばい》がつくられている。

注目すべきことは、疏水事業の費用として市民は大変な税負担をした。完成後の効用は計り知れないとわかっていても、零細な生活者たちには重圧な賦課金であったことは想像にかたくない。「疎水工事の延納や反対運動」の底に、逃亡者などの悲劇もあったことは見逃せない。

かつて北白川を通る疏水分水は下鴨を横切っていた。サイフォンによって高野川、賀茂川の底を通って上総町から下総町を通って堀川に合流していたが、戦争のために疎開道路になり自動車道になった。堀川にしても火災の類焼をふせぐために、戦争時に道路に供され、現在のような幅の広い堀川通りになっている。

「ここが疏水と桜の通りだった時は本当に素敵でした」とは、古老から耳にする言葉である。数知れない人々の感謝と感動、思いや悲しみをこめて、疏水の水は今なお流れている。疏水に沿って桜樹を多く植えたのは、伝統的美学によるのであろうが、京の住民と自然とは、つねに互いに参加し合って京の町を美しくあらしめてきた。

今、その脇水路の監視のために造られた哲学の道をそぞろ歩き水流をのぞめば、あくまでもそれは澄んでいて清い。孫の田辺陽一が語った「疏水が無ければ今の京都は無かったでしょう。京都市民にとって疏水は命の水なのです」という言葉が心にしみる。

いや、京都にとどまらず日本にとってもこの疏水は文句なしに、近代都市の誇りというべきだ。都市のなかにこんなさわやかな水路をもった京都市民が今更ながらうらやましい。こころからの敬意を表したい。

4　京都辛口寸評

日本は京都人とそれ以外

京都は古きを守り新しい独創的なものに挑戦しつづけ、しかも自然をも美しく守っているすごい都市だ。かつて大阪生まれの随筆家の岡部伊都子《おかべいつこ》がこんなことを記していた。「京の住民と自然とは、つねに互いに参加し合って京の町を美しく在らしめた。今後とも『京の川』がまことの『水明』、『心の水明』を生かすに足る立派な姿であることを念じている」（『京の川』昭和五十七年）。

「心の水明」というが、どっこい、そうもいかないようだ。

京都人はとにかくややこしい。日常的に例の「いけず」を筆頭に否定的な言葉のやりとりにとり巻かれている。「ごて」「もっさり」「えずくろしい」「すぼけ」「ひつこい」――。なにしろ京言葉にはホメ言葉は「よろしィな」「えろゥ」くらいしかない。親が子によく「いけずしたらあかん」というらしいが、これなど暗にいけずを薦めているようにも思える。

よく言えば京都人はお互いに切磋琢磨《せっさたくま》し合って、立派な大人に成長をとげていくのだ（？・）。批判語の多いことは人に負けない京都人の知恵が詰まっているからだ（？・）。これって見方をかえれば、京都の人々は平安の宮廷社会の気配りが、今もって京都市民を金縛りにしているともいうべきなのか。

だが、そういったややこしいことは、京都人同志の内側だけにとどめてほしい。よそから来る人間にまで及ぼすな、と言いたい。丸一年京都に居住してみて感ずるややこしさには、次のようなものがあった。

一つ、あれやこれやと人のことにさぐりをいれてくることのわずらわしさ。京都人はこれを相手との「位取り」というのだそうだが、いろんな角度から相手を観察してくる。このむずかゆさは御免こうむりたい。

二つ、祇園の茶屋街を歩いていてちょっと茶屋の格子をさわったら、仲居風情の女性が飛び出してきて、「なにしてんねん」と口汚く言い放ち、その後はうろんな目をしてなんと約一町ばかりつけられた。このバツの悪さは格別だった。

三つ、観光客にもてなし心が薄いことの無念さ。平安神宮の赤い大門の前の店で、親戚の者と一緒に一杯九〇〇円なりのぜんざいを注文したら、その汁の薄さ。お湯の中に小豆が数個、小さな餅一つ。隣の子供の客など「大きいのがあった」と叫び、箸ですくったら実は自分の目玉が汁に映っていた……。

といった悪口を言いつののったが、良識ある「世間体を気にする」という感覚が、今もって皆の中に埋め込まれていることは賞賛に値する。それに祇園祭にみるような市民の自由さというか、自治の精神のおおらかさは、これはまさに都会のコミュニティが今もって健在である証拠である。京都を憧憬させる所以《ゆえん》であろうか。

だが調子にのってはいけない。有名な京都の知識人が、「(東京も大阪もまあ田舎者)日本は京都人とそれ以外ということでしょうか」と、テレビで言っていたが、この上から目線には恐れ入る。そんなことを言っているとよそからこういわれかねない。「京都はたしかにすばらしいまちだ。ただし京都人さえいなければ・・・・」「京都人のいない京都に行ってみたい」と。

Ⅱ　金沢

1　創造都市

ねばり強さと創造力で磨き上げた風格と風合い

金沢御堂の寺内町がベース

金沢は江戸時代百万石の城下町として栄え、その栄華がここ十数年、見事によみがえったということで大変なにぎわいをしめしている。国内シエアほぼ一〇〇パーセントの金箔を使った多彩な美術工芸品でまず観光客の目をひきつけ、城下町のたたずまいと風光明媚な自然を背景に、近現代的な新しい建造物などで人気度もうなぎのぼり。若い観光客にプラス外人観光客も多数迎え、京都に次ぐほどの観光都市としての勢いを示している。

歴史をひもといてみると、金沢の都市の成り立ちが分かる。十五世紀に起こった加賀の一向一揆により、富樫政親《とがしまさちか》を破って長享二年（一四八八）に誕生させた「百姓ノ持タル

金沢御堂の跡地に建つ金沢城

国」は、日本にはまれなる独立自治国家というべきものだった。最初中心的な役割を担ったのは蓮《れん》如《にょ》（一四一五〜一四九九）の息子たちによって継がれた、「加賀三ヵ寺」と呼ばれた二股の本泉寺らの三つの寺だった。それらが軍事組織に加え行政や司法の役割をもち、新たな政治と信仰の中心となる本願寺の支坊で、加賀惣国の政庁となる「金沢御堂《みどう》」が天文十五年（一五四六）に建立された。金沢御堂はのちに「尾山《おやま》御坊」とも呼ばれていた。金沢という町はこの金沢御堂という寺を中心にした寺内町として発展をとげていった。

寺内町は寺を中心にした町であるに対して、城下町は城を中心にした町である。その金沢御堂を織田信長勢が襲いかかり、配下の佐久間盛政におさめさせた。彼はそこに城を築き、百間堀（現在の城跡と兼六園の間の道）をつくった。佐久間の後に能登から移ってきたのが前田利家だった。利家は御堂の跡地に城を築き、百間堀を拡張して金沢城を近世的な城郭へと変貌させた。

一気に推進したのは三代藩主前田利常《まえだとしつね》だ。寺内町から城下町への都市改造をした。一向一揆がよほど怖かったとみえ、寺院群を犀川《さいがわ》べりの寺町台地、小立野台地、卯辰山の三つに分けて集め、一部浄土真宗の寺院も城の中心地に抱き込み、日蓮宗や禅宗の寺々と組み合わせることにより、一向一揆勢力を完全に封じこめることに成功した。だから金沢という都市は、金沢御堂の寺内町をベースにしてできた城下町なのだ。

加賀百万石の栄華は、一向宗に対する苦心と徳川に対する腐心の末になりたったものなのだといえる。金沢というまちの住民はこのように、一向宗の門徒と前田藩の武士のいわば二層構造でなりたっている。

加賀気質

それならば金沢人の気質はというと、まず自然環境については金沢の三大文豪の一人徳《とく》田秋声《だしゅうせい》が約八〇年まえに『郷里金沢』でこんな風に述べている。「近年は余り深い雪は無さそうだが、自分の小児の時分かなりたくさん降った」「金沢の人は雪の中に一冬おくる」「一体北国の人は自然にいじめられているから、物に怺《こら》える力がある」。

また歴史的環境については、「徳川時代に枉屈《おうくつ》した精神が、維新の政変にも立ち遅れたために人がつめたく、情熱的なところがなく、消極的で悪く言えば因循《いんじゅん》という風がある」「自分からは意思表示せずじっと上からのお達しを待っているところあり」、と述べている。この枉屈という言葉は気になる言葉だ。文字通りの意味は「抑えつけられて屈伏する」である。

そのほか金沢の知識人たちが語るニュアンスは微妙である。

加賀藩の幕府に対する三〇〇年間の辛抱は、例えば前田家の百万石の保全に窮々とした苦心のあとを読みとってみるべきだ。徳川から謀反の気ありと理不尽にもいわれ、二代利長の母まつを江戸に人身御供にとられた無念さから、特に三代利常以降武断でなく「文化政策」を第一として藩の運営指針としたことは歴史が示している通りである。たとえば城郭にしても、現在では前田家の文化的センスとたたえられている城の櫓《やぐら》にふさわしからぬ唐破風《からはふ》の出窓をしつらえたり、隠し狭間の慎慮《しんりょ》、その無用可憐とも云うべき用心があちこちにうかがわれる。そういった警戒の中で、はじめて三〇〇年が守り抜かれたのだ。

金沢の魅惑スポット兼六園

上の心にならう町民の間にも、おのずからなる文化、お能、謡曲、茶道などの腕をみがくことが形づくられ、職人の象眼《ぞうがん》、蒔絵《まきえ》の巧緻工芸の奨励も自然の成りゆきだった。つまりは武士、農民、町民、三者三様、むやみな喜怒哀楽はことごとく能面のおしこらえた表情の陰にかくしたのだ。この辛抱は加賀絵巻の如く、みがきに研かれて現れる「一途なもの」をこそ思わねばなるまい。

ところで一部の歴史学者や社会学者の言は、さらにこれに続いて農民政策に関して鋭い指摘をしている。「政治は一に加賀、二に土佐」と喧伝《けんでん》されたことにつながることだ。

八木正金沢大学教授は『講座金沢学事始め』のなかでこう述べている。

「金沢というところは、藩の一向一揆勢力の殲滅《せんめつ》と切り離しては考えられないであろう。歴代の藩主が反抗勢力の分散と封じ込め、懐柔と統御のために、他国からの移民移入政策などにより、腐心して築き上げた植民経営都市にほかならない。これは同時に関東、東北方面への農民の大量脱出・移民に関連づけてみなくてはならない。その雪崩《なだれ》のような農民脱出にたいする真宗教団の対応の仕方に、支配権力と癒着したこの教団の体質が露呈されているからである」。

ただし、このことは再び一揆が起きれば徳川幕府による領地召し上げは必須だっただけに、農民対策への腐心が見え隠れして仕方がない、というべきなのか。素人には軽々として論じられない前田百万石の「光と影」の影の部分である。

ともあれ金沢地方の人々のねばり強さ、辛抱強さという気質に研きがかかっていった。前田藩の文化政策によって安定した政権のもとに、特に武士にかかわった町民、職人たちは、物心に蓄積が生じたのだ。

それが明治以降に持ち続けられ、幸い今次の戦災をまぬかれたこともあって、金沢の町はどことなく落ち着いて他の都市にみられない風格を持ち、一種のうるおいも醸《かも》し出しているのだ。これなどは物心両面の蓄積がおりなした風合いとでもいうべきものだろう。

復興の推進力になった製織技術

ただし、そうはいうものの明治維新の廃藩置県時の金沢の状態は、想像を絶していたようだ。前田藩の武士約二万人は、突然その職業が廃絶された。明治初年の金沢の人口一二万三千人（東京、大阪、京都に次ぐもの）から一挙に八万人に激減した。それらの人々が食べていくだけの地場産業が無かったのだ。そこから金沢人の辛抱がまたはじまった。

輸出向け羽二重《はぶたえ》の日本の拠点であった桐生から、その技術が福井、石川両県に伝えられた。その技術を学び、自動機械の開発と生産に励んだパイオニアが登場してくる。代表的な人物が津田米次郎である。

彼の父親吉之助は大工の棟梁であり、明治初期の金沢名物建築物である利家をまつる尾山神社の神門（重要文化財）を設計した。建築以外には「からくり」の名人としても有名で、明治八年（一八七五）に富岡製糸の工場を見学してその機械を模造して作り上げ、金沢製糸工場に据え付けたという人だ。

その息子米次郎と従弟《いとこ》の駒次郎が独自に開発した「津田式絹動力織機」を世に出したのが一〇年後のこと。駒次郎が興した津田駒工業は、現在も世界的に評価されている超自動織機、ウォーター・ジェット・ルームなど高速革新機械メーカーとして活躍している。

だが加賀百万石が育んだ伝統工芸は温存されていったものの、それが近代産業のキックオフにつながるといったものではなかった。近代工業の創出に金沢は苦しみぬいたというのが本当のところらしい。最初に手をつけた羽二重機業にしても、一朝一夕に成ったわけではない。苦心さんたんの苦労の上、生産と同時に優秀機械の製造に乗り出し、後に不況に見舞われた羽二重から生産物も絹の製織に切り替え、やっとのことで国内富士絹生産の過半を制する盛況を実現させたのだ。

これはひとえに金沢人同志の人脈連携、それと五代藩主綱紀《つなのり》が奨励した工芸品の「百工《ひゃっこう》比照《ひしょう》」（国内最高水準の工芸品を集め、同時に他国から師匠を招いたりして工芸品の創作を奨励した）によって集積されていた金沢周辺の人材の厚み、それに加えて先ほどの金沢気質――いくら苦しくとも堪え忍ぶという力によって、この内発的発展といわれる産業界の隆盛を明治、大正、昭和にわたって実現させていったのである。まさに苦心惨憺の努力の結果、辛抱強く産業を創造していったのだ。

六〇万都市構造の創造

近代産業の隆盛とともに目をみはるものに、行政の卓越した力がある。それが、徳田與吉郎（在任期間一九六三―七二）、岡良一（一九七二―七八）、江川昇（一九七八―九〇）、山出保（一九九〇―二〇一〇）ら幾代もの市長によって、連綿として構想された「都市創造」を成し遂げた。

将来の合併を考慮して六〇万人の人口を見据えて、城下町の近代化に着手していった。県庁移転や金沢大の移転は県レベルのものであったとはいえ、その跡地をどのようにして市の発展に結びつけるかは、歴代市長の最大課題のものであったはずだ。賑わいをそこなわず、行政機能を低下させず、かつ城下町としての風格とイメージと情緒をどのように維持保存させていくかは、各市長の腕の見せどころであった。

まちの景観保存条例、たとえそれが宣言条例であっても、市民の意識を刺激・喚起していったことに間違いはない。金沢は景観面での保存と文化的景観の創造に力をいれていった。

昭和四十三年に国内初の伝統環境保存条例、五十二年には伝統的建造物群保存条例、六十二年には浅野川左岸の景観トラスト運動、平成元年金沢市における伝統環境の保存及び美しい景観の形成に関する条例、六年の金沢市こまちなみ保存条例、金沢市屋外広告物条例、それに十六年には他の市に先がけて景観法の制定に則して金沢市新景観条例を制定

観光客に人気の浅野川の景観

した。二十三年にはめずらしいお寺の重要伝統的建築物保存地区を卯辰山麓地区に、翌年には寺町台地区にかけたことである。

また他都市からうらやましがられている旧町名復活も成し遂げた。第一号が平成十一年に主計町が復活し、それから下石引町、飛梅町、木倉町、柿木畠、六枚町など、それに昨年の平成三十年十一月には金石通町、金石下本町、金石味噌屋町と一四のまちの町名が戻った。復活した町名以外、江戸期には武士社会の状況を示した伝馬町、備中町、母衣町、人の名からとった助九郎町、又五郎町。寺町にいくと桜畠とか桃畠、小立野台には桜町、銀杏町それに生業を示した大工町、塩屋町といった町名があっただけに、これからも旧町名の復活の努力は、その町の歴史が蘇ってこようというものだ。

ユネスコの創造都市に名乗りをあげる

金沢といえば兼六園や武家屋敷、近江市場、それにひがしの茶屋街などが言われるが、それらに多大なお金をかけて丁寧に修復し、平成十二年以降多くの観光客を集めたことはご存知の通りだ。特に山出市長二〇年間の在職時には、新しい新名所——金沢21世紀美術館（平成十六年開館）、金沢駅東口もてなしドーム（十七年）、仏教哲学者の鈴木大拙の記念館（二十三年）等に挑戦して実現させた。これらは今や金沢にあって人気の建造物になっている。

詳細に見てみよう。平成八年に「美術館構想懇話会」を設置、小堀為雄金沢大名誉教授を座長にその道の専門家九名を集めて、「都市型文化交流施設」が検討されて建造されたのが金沢二一世紀美術館だ。

設計者はコンペによって妹島和世建築事務所とＳＡＮＡＡ事務所の共同体に決まり、今の建物ができあがった。表と裏の区別がない開かれた建築で、あたかも公園のような美術館だ。円形のガラスの外壁を使ったアートサークル状の建物で、内側にいくつかの箱（部屋）をもち、建物そのものを簡素にした。入場しても従来の美術館のように身構えて観賞するのではなく、世界の現代美術を家族で気軽に鑑賞しあえるようになっている。その一つには地下室を歩いて行くと天井が水槽になっていて、見上げると地表の人々の顔が見え、地上から見下ろすと底の人々の顔が見えて、内と外との動きが楽しめるというめずらしい新趣向もあり、しかもこれは立派な芸術作品で、普段着で家族と来て楽しめるという自然公園に来たような感じの美術館だ。

次に構造体をアルミの棒を組み合わせガラス製のドームとし、能楽の加賀《かが》宝生《ほうしょう》や素囃子《すばやし》（能の略式演奏の一つ）に使う鼓を組み込んで二つの木の門柱としている「もてなしドーム」は、日本では二つとない全くユニークなものだ。そのためか金沢駅は平成二十六年には、米国の天気予報チャンネル「ウェザー・チャンネル」が選定する「世界で最も素晴らしい駅」の一〇駅に日本で唯一選ばれている。

鈴木大拙館は地元金沢出身の建築家・谷口吉郎の設計により、「水鏡《すいきょう》の庭」越しに白い「思索空間棟」が望めるという趣向になっている。いわば西洋の二元的思考に東洋の無分別の分別、円融自在を融合させた禅の思想を体現させているかのようなシンプルでユニーク建物である。これらはいずれも室町時代以降の伝統芸能の美や思想に、近代技術の美や思想を融合させたものである。古《いにしえ》と近代を組みあわせた近代建築の成果でもある。

そういった近代都市創設を推進させながら、平成二十一年、ユネスコの創造都市に金沢は名乗りをあげた。ユネスコの創造都市とは、創造的な文化活動として七つの分野がある。文学、映画、食文化、音楽、デザイン、メディアアート、クラフト&フォークアート、この七分野で創造的な文化活動を展開している。それを文化活動だけに限定しないで、産業活動や経済活動に結びつけて、結果的にはまちを活性化させ元気にしている一連の活動を総称して、ユネスコは「創造都市」といっているのだ。

もともとは六分野であったのが、クラフト&フォークアートをつけ加えて七分野にしたらしい。そのクラフト分野に手を挙げたわけである。歴史的にも明治九年に、火が消えそうになった伝統工芸を守るために、前田家にかわって県と市が提携して技能の保存育成に手を打った。石川県勧業試験場という試験場は日本で初のものであった。やがてこれは昭和十三年に石川県工業試験所へと発展していった。一方、市は美術工芸の専門機関として明治二十年に私立金沢美術工芸専門学校を設立し、これが現在の金沢美術工芸大学になっている。

このように金沢市は伝統工芸の育成に、長年の情熱とお金をつぎ込んできた。その他職人大学や金沢市民芸術村の創建、金沢テクノパークの充実などもある。おそらく歴代の市長をはじめ行政の面々が取り組んできたのは、「伝統」というものには常に新しい「創造」を加えていくべきだ、という考え方であろう。古い伝統が新しいものの中でどれほどいきいきと息づくか、言葉を換えれば「伝統とは現代に生きてこそ意味を持つ」ということが身にしみて理解されていたのであろう。

そのために若い人たちの創造力を発揮させ、あるいは創発をまねく仕掛けを、常にしていくという努力ではなかったかと思われる。

最後に忘れてはいけないものに、山出市長時代の平成七年に打ち出された「金沢世界都市構想」がある。「世界都市」とは国境を越えて人、物、金が行き交う「国際都市」とは違って、小さくとも良い、キラリと光る優れたもの、際だったものを持った都市をいうのだ。

こうして見てくると、金沢という都市は「官民」連携の極めて進んだところだといえる。「官」は行政、「民」は京都のような一般町衆というよりか近代産業の要を担って今も気を吐く大中小の「民間企業」といったところだ。今後は「民間企業」もさることながら、一般市民の「民」の参画を誘いその躍進が切に望まれることだ。

新幹線敷設後、多くの観光客を招致しているが、それに加えて新しいビジネスの芽が出つつあるといわれ、中小のビジネスが実現し始めているだけに、民間人がのびのびと活躍する「創造都市」に発展してもらいたいものだ。

2　エッセイ　金沢訪問記

まちづくりの人々との出会い

金沢というまちには学生時代から憧れにちかい気持ちを抱いていた。ただし、学生の頃の一人旅は、京都にしろ金沢にしろ観光地をめぐる慌ただしいもので、北陸の旅にしても何気なく下車して泊った直江津や福井のわびしい風景が印象に残っている。

さて平成十六年、私が長年に憧れていた金沢から声がかかった。**「金沢・ひがし茶屋街から花街文化を考える」**というテーマのシンポジウムへの招待だった。

私は平成六年以降、あるきっかけから神楽坂のまちづくりに参加していたのだが、その縁から前年に発足したNPO法人粋なまちづくり倶楽部が知人を通して指名されたのだ。東京神楽坂は明治初期から花街として発展し、料亭や待合の数は少なくなったとはいえ、東京の花柳界の一角を今もって担っている。浅草とともにその現状を報告すべしということであった。

われわれのＮＰＯの発足の理由は以下の通りである。平成十二年、突然起こった東京・新宿神楽坂五丁目の一角の超高層マンション建設計画に、まちの住民の猛烈な反対運動がなされたが、建設計画が発表された後での反対運動は現在の日本の法律では抗しえない。その前に状況を察知し話合いができるように、建築、都市計画、法律家の仲間が集まって神楽坂まちづくりの会から平成十五年に実質的に独立したもので、そのメンバーたちと五名が参加した。

発表は私がさせてもらい、充実した数日間を過ごした。懇親会では能作代表の岡能久社長とご一緒して､西の茶屋で芸妓のもてなしを楽しんだ。岡さんは安永年間創業の「能作」の七代目で、漆《うるし》店を起源とする漆器店への進出を独力で果たし、東京をはじめ各地と同時にヨーロパにも進出しているすご腕の人である。しかも茶の湯、謡曲などの修養にも余念がなく、特に金沢の茶道文化の発展に努められている人だ。

その時期に同時開催していた道具学会の金城楼《きんじょうろう》の懇親会にも参加させてもらった。初対面の人が多くて私は個々の人と話こそあまりできなかったが、佃一成《つくだいちなり》さん（佃食品社長）をはじめ宮田千暉氏（加賀麩司宮田）、早川芳子さん（会議通訳者）、佐々木つかささん（金沢倶楽部編集者）といった金沢の志の高い人々に会えたのも名誉なことだった。

正直言ってまちづくりに関わる当時の私の個人的な関心は、金沢の佃一成さん（第三章に登場）が携わった**「老舗・文学・ロマンの町を考える会」**のまちづくり活動を知ることだった。そこに少しでも追いつきたいというのが、胸に秘めた願望だった。

　昭和六十年に**「フードピア金沢」**というものがプロデュースされているという話が伝わってきていて、そのコンセプトは壮大なもので、**フード（食物）祭**と**風土祭**を重ね合わせ、金沢の誇る食文化を金沢中心に加賀・能登から全国に発信して、地域の「風」と「土」を耕し、かつ革新しようというものであった。なにしろそのコンセプトの大きさと、広域にわたる地域の巻き込みが前提にあるのだから、すごいものだと直感的に感じたのだ。

　金沢に文化の「風」を吹かせ、「土」の意識を変革するために、「漂泊者」と「現住民」とを交流させようとする画期的な試みでもある。企画は行政マンと意識の高い地元の経営者たちだという。「金沢風土研究会」の活動をもとに金沢を食祭都市としてイベント化したものだった。勿論、佃さんもその起ちあげ時から数年間にわたり、参画していたと聞きおよんでいる。

　そのうち「フードピア金沢」の祭学事始めである季刊誌の創刊準備号が、たまたま手に入った。冒頭のインタビューに歴史学者の浅《あさ》香《か》年《とし》木《き》という人の話があり、金沢では昭和二十年八月十五日の敗戦の二日後に、石川軍政館というい わば海軍のPR館を壊し、そこに美術館をつくろうという運動が起こったという話があった。なるほどそういう土地柄だからこそ、壮大な企画も持ち上がるのだと奇妙に納得したものだった。

「鏡花を追ってプロジェクト」の縁

それから約一〇年後の平成二十五年、偶然というか必然というか、金沢下新町と神楽坂の有志が住民提携をした。鏡花生誕一四〇年を記念して、文豪鏡花の顕彰を軸にしながら地域づくりに励もうという話が伝わってきた。思いもかけず「ロマンの会」の佃さんとご一緒できることになった。

言わずと知れた泉鏡花《いずみきょうか》は金沢の下新町で生まれ育ち、一八歳で神楽坂は横寺町の尾崎紅葉《おざきこうよう》の門を叩いて弟子になり、腕をみがき名を高めた。結婚して住んだのも神楽坂二丁目だった。鏡花の縁では金沢下新町と神楽坂は切っても切れない因縁の地である。よく見ると神楽坂の大通りから兵庫横町へ降りて行く坂道、階段の道と主計町の暗がり坂は、その曲がり方といい、石段の雰囲気といいまったく同じだといえる。鏡花はそこに郷里との類似を見てとり、紅葉門下生になったのではと思わなくもない。

平成二十七年春の北陸新幹線金沢駅開業により、両地域の距離が縮まることもあり提携期間をその開業日までとして、平成二十五年の七月に「**鏡花を追ってプロジェクト**」を発足させようというものだった。神楽坂に事務所を置き、泉鏡花文学賞の受賞者であり、かつ選考委員の嵐山光三郎氏が呼びかけ人となり、北國新聞、金沢学院が全面的に支援するという豪華なものだった。

主計町の町並み風景

金沢側は老舗・文学・ロマンの町を考える会の佃一成会長はじめ沢田光夫下新町会長、加藤正人久保市乙剣宮権禰宜、織田勉下新町町会庶務の面々、神楽坂側は渋谷信一郎東京神楽坂組合理事長、飯田公子龍公亭代表取締役、石井圭子助六経営者、神楽坂まちづくりの関係上、隅っこでの参加者だった。私も神

その年は両地域の交流事業として九

月の「金沢おどり」観賞、一〇月には東京三越劇場での出し物「婦系図」観賞ツアーで交友を深めた。また金沢では佃さんが先頭にたって十一月に久保市乙剣宮で**「鏡花うさぎまつり」**の開催、夜には暗がり坂や主計町茶屋街に約二〇〇基のあんどんで照らす**灯り道**の出現、浅野川倶楽部の**朗読会**などが行われた。

金沢の皆さんが神楽坂に集いプロジェクトを立ち上げた平成二十五年七月二日、まち案内を私が頼まれたのだが、紅葉、鏡花が住んだ鳥居家や鏡花が新婚生活を送った二丁目の住居跡に立つ記念碑などを案内した折、佃さんから、「鏡花が亡くなったのが昭和十四年。私が生まれたのがその十四年です。きっと私は鏡花の生まれ変わりかも知れません」と述べておられたのが、非常に印象的だった。

津田流水引

次なる訪問は平成二十八年、本格的に金沢というまちを知ろうと思いたって翌年の四月まで金沢には断続的に訪れ、延べで六〇日ぐらい滞在したことがある。

なにせ前年の二十七年には憧れの地、京都に一年間滞在したことでもあり、次は当然金沢訪問だった。

ところで金沢に行く直前に不思議議な本を見つけた。井上雪《いのうえゆき》という作家さんの『その手を見せて』いう本である。神保町の古本屋で偶然に手をとり、「はじめに」を読んでみたらこんな趣旨のことが述べられていた。

ここに登場するおんなたちは里に山に、町に、海に、北国の風土と一体になって、黙々と手を動かしつづけ、何かを生み出してきた人たちである。ふかく皺が刻まれた手、節くれだった手、大きく分厚い手、強い手、ちみつな手、赤らんだ手……。その手を見せて、と願った私に、おんなたちのさまざまな手は、何を物語ってくれるのだろうか。

といった文章にひかれてページを繰ってみると、手づくりの技をひっそりと守ってきた「北の女性の手の物語」であった。金沢の人を探してみたら、唯一**津田水引**《つだみずひき》**の津田千枝**さんが紹介されていた。江戸期の前田藩主時代の「細工所」の伝統を今に引き継いだ土地金沢だけに、一人だけとは少ないと瞬間的に思ったが、その筋とは違って明治期にはさらに苦しい時代に遭遇した一般庶民の職人の世界に、著者は目を向けているらしい。

「お店は犀川にちかい野町広小路にある」と書かれていたので、金沢に滞在中のいつか訪れる機会もあろうかと漠然と思っていたら、突然その店が現れたのでびっくりしたものだ。野町三丁目の光専寺で行われた「第二二回寺町サミット」に参加して、帰途犀川大橋に向かってふらふらと歩いていたら右手に津田水引店が出現したのだ。勇んで瀟洒《しょうしゃ》な店に飛び込んだのはいうまでもない。

祖父の**津田左右吉《つだそうきち》氏**はそれまでの平面的な平飾りに思い切った遊び心をくみこんで、立体的な折型の袖はらみ、たる飾りの鶴亀などを考案し、世上の人々をびっくりさせた。それらが根づくまでには紆余曲折、毀誉褒貶《きよほうへん》（ほめたりけなしたりすること）など涙ぐましい努力があったことは想像にかたくない。この本のなかにはそこまで書き込まれていないが、めでたいお祝いごとに精魂こめてつくりあげた、縦横無尽に浮かぶ空間の曲線とそこからあふれでる喜びは、目のこえた金沢の人々のこころをしっかりと捉えたことであろう。

真一文字の水引が、人の手によってさまざまな形を生み出す。菊に牡丹に松竹梅、総物ならば鶴、亀、えび、鯛、鳳凰が見事な美となって表れてくる。越前和紙も真っ白い純白のままに折られる。汗ばんだ手や指は禁物だ。重ねた紅が移ってしまう。その重ね方にもコツがある。ほんの少し、一ミリ程度赤をのぞかせてこそ上品になる。それより多いと華美になりうるさい。

文中に結納飾りのこころを母梅さんから教えられた千枝さんのこんな箇所がある――

その昔、結納の形式はそれはげんしゅくなもんでしたが、結納の品をもった使者が、双方家から、決めた時刻に出立し、決められた場所で交差し、それぞれの品を両家に届けたがですぞ。結納は結び交わす、という意味を持っとるがやさけ、その意義を大切にお仕事をさせておもらいするのが肝心ながでございます。

人情が厚くて礼節を尊ぶ、加賀ならこそ伝えられた風俗なのであろう。

お店で仕事をしていたさゆみさんにぶしつけにも声をかけると、いそがしい中にもかかわらず親切にも当方の質問に応じて下さる。津田流水引は創始者の娘梅さんに引き継がれ、それを娘の千枝さんは水引工芸師の夫と結婚して引き継ぎ、そして現在のさゆみさんに引きつがれているという。

お店の張り出しではご主人が脇目もふらずに仕事をしている。その隣りには息子さんの六祐さんがすわっている。本によると三代目の千枝さんの次は四代目さゆみさん、そして五代目が多分この息子さんに引き継がれるだろうと紹介されている。

数日後に訪れた玉川図書館にこの『その手を見せて』という本があったので、部分コピーをしてお店に届けたのだが、先の当主さゆみさんはじめご主人、息子さんらは、初めてこういう文章に接したということだった。皆さんの話によると、津田水引店は今から二〇数年前、地方のテレビ局によって千枝さんを中心に紹介されていたとのことである。それは記憶にはっきりと残っているが、このような本になってその中に紹介されていたことは、全然知らなかったようだ。

A4コピーの半分に掲載されている母親千枝さんの美しくて若い素顔と、右四分の一にある指輪も光るきれいな右手の写真に接して、ほんの一瞬懐かしさとふかい感慨を隠しきれないさゆみさんの表情が、実に印象的だった。余計なことだったかもしれないが、本のコピーを届けて良かった。しかも遠国金沢での出来事だけに一入《ひとしお》だった。金沢にはこんな思いがけない出会いがいっぱいつまっている懐かしい町なのだ。

災難の人・横地石太郎

平成二十八年九月、長期滞在した金沢で「金沢ふるさと異人館」の前を通った時、企画展「『坊っちゃん』に登場する**「赤シャツ」のモデル?横地石太郎**」をやっていたので、は漱石と金沢は無縁であるのになんだろうと思って、入ってみることにした。

漱石没後一〇〇年、その漱石の代表作の一つ『坊っちゃん』の中に登場する「赤シャツ」が金沢出身の横地石太郎ではないか、というのだ。赤シャツといえば愛媛県尋常中学（松山中学）に赴任した坊っちゃんの天敵である。名誉不名誉と分けるなら、勿論不名誉そのものである。横地先生にとっては誠にお気の毒としかいいようがない。

実際の横地先生は金沢藩士出身で東京帝大の理科を卒業後、『坊っちゃん』が書かれた明治二十八年頃は松山中学の教頭であった。その後校長をつとめさらに四十年には山口高等商業学校（現山口大学）の校長を務めた人だ。専門は物理化学だが、考古学や天文学、地学など幅広い分野に興味をしめした教養人である。明治三十二年にはしし座流星群を観察し、三十三年には愛媛県周桑郡吉岡村の古墳の発掘調査などをしながら。「人類学雑誌」に多数の論文を寄稿する考古学者でもあった。

謹厳な横地は世上自分が赤シャツのモデルにされたことに苦悩し、漱石にたいして憤慨した。漱石は「赤シャツは俺だよ」とうそぶいたという。異議申し立てではないが、彼は小説『坊っちゃん』の本にめんめんと書き込みをして己の潔癖を証明しょうとした。それが横地書入本『鶉籠《うずらかご》』として残されているというのだ。企画展ではそのへんのことがかなり詳しく解説されていた。

横地先生は積年のもやもやを『坊っちゃん』の当時のことを思い出してあれこれと反証を書き込んでいった。すると「同僚でやはりモデルの一人である弘中という同志社出身の男がそれを聞きつけ面白がり、自分にも見せろといってその本に書き込んだしまった。するともう一人、地理の先生であった中堀氏が聞きつけ、また書き込む」といったように、本の余白は書き込みでいっぱいになったのだ。

もともと赤シャツのモデルは横地先生だけでなく、漱石にとっては当時赤シャツを来ていた他の先生方との複数の人間の合作モデルであったようだ。

横地先生は退官後暇になった折にその真っ黒になった本を引き出して見たら、「昔ほど腹も立たなくなっていた」と述べていたようだ。国民文学の一冊に昇格して、今もって中学性や高校生に絶大な人気を誇る小説とあらば、後世に残るこの本に自分たちが取り上げられたということは、功なり名とげた横地先生は**「腹は立つが名誉（?）」**なことであったと、自分におりあったのではなかろうか。

なお、漱石と金沢といえばもう一人**米山保三郎**をあげねばなるまい。漱石に対して「文学をやれ、文学なら勉強次第で幾百年幾千年の後に伝える大作も出来るじゃないか」と説いたという。そのために漱石は建築家志望を変えたとされている。『猫』の中では天然居士として描かれている。正岡子規も保三郎に出会い「凄《すご》いヤツがいる」とびっくりした。東大で哲学を学び、大学院で空間論を研究したが、明治三十年に急性腹膜炎のため二九才の若さで他界した。生きておれば西田幾多郎をも凌いだといわれるほどの逸材だった。彼の墓所は東京の養源寺で、『坊っちゃん』の中で清が葬られた寺と紹介されているところだ。

3　街角スケッチ①

金沢おどり

宙を切り裂く笛と鼓

芸妓の一調一管

城下町として栄えた金沢には今もって江戸の情緒が残り、加賀百万石の時代から育んできた伝統芸能が数多くのこされている。

その中でも金沢芸妓《げいぎ》の存在は貴重なものだ。ひがし、にし、主計町《かずえまち》の三茶屋街では、木虫籠《きむしこ》と呼ばれる美しい出格子の町並みが残り、芸妓の磨き抜かれた伝統芸の踊りと笛、鼓、太鼓の音は全国屈指のものとして尊ばれている。

そう、風のたよりでにしの茶屋街で「一調一管」がもてはやされているという噂を耳にしたのは、一体いつ頃だったのだろう。一調一管とは能の演奏形式の一つで、打楽器（鼓）に一管（笛）を加えたものである。それを年に一度の金沢おどりで、にしの料亭「美音《みね》」の女将で笛の名手（県指定無形文化財保持者）の峰子さんが、日頃「天敵」と言ってはばからない真向かいの料亭「名月」の鼓の名手女将乃莉《のり》さんと、鎬《しのぎ》を削って勝負するというのだから、好き者にはもう我慢ならない。私が会場である金沢駅前の県立音楽堂邦楽ホールにかけつけたのは平成二十五年の秋、二人の演目は『天馬の翔《しょう》』だった。

静、動、静

峰子さんの笛が静かに鳴った。

乃莉さんの鼓がしめやかに答えた。

会場の観客席は静まりかえった。峰子さんの笛の音が高まった。乃莉さんの鼓が呼吸を合わせてかぶさっていく。しばらく二人のやりとりが続く。そのうち不意に鋭い〝ピー〟という笛の音が宙を切り裂いた。それを待っていたかのように鼓が掛け声とともに激しく打たれて、怒濤《どとう》のような鼓の音が鳴り響いた。天馬が雲の中に顔を現わした瞬間だった。それからはつぎつぎとわき上がる白雲をなびかせて、天馬が自由自在に飛翔し続ける。渾《こん》身《しん》の気迫による笛の音のうねりと、裂帛《れっぱく》の気迫による怒濤の鼓の音が、尋常でない異様な空気を創りだす。

会場は圧倒されて息をするのも忘れる。互いに技を仕掛け、間合いはせばまっては離れる。笛と鼓の激しい絡み合いがつづく。まさに闘いが繰り広げられている。静から動、激しく闘いの頂点にのぼりつめ、そしてふたたび静にかえっていく。笛ではじまった「一調一管」『天馬の翔』は鼓の一擲で終焉《しゅうえん》にむかう。会場は拳に汗をにぎる。笛と鼓――峰子さんと乃莉さんの裂帛の気迫が会場を圧倒する。

会場の拍手は鳴りやまない。舞台が果てても天馬が脳裏鮮やかに飛翔している。

和の宝塚歌劇

二人の女将による「一調一管」は翌二十六年も大好評だったが、峰子さんの死去により残念ながら終了した。二十七年は笛の代わりに立方の名妓八重治さんの舞による「一調一舞」に変わったが、それはそれでまことに素敵な舞台だった。だがいつかまた笛と鼓の好敵手が現れ、新しい「一調一管」が復活するだろう。

そもそも金沢おどりは、歴史も流派も全く違うひがし、にし、主計町の三花街が大胆不敵にも一致団結して、各種の困難を乗り越えて平成十六年にはじめたもの。第三回からはおどりの演出に、元NHK番組制作局のディレクターであった駒井邦夫氏を迎えた。駒井氏は古典芸能に造詣《ぞうけい》が深く、しかも京都宮川町の茶屋出身の人だ。地方が清元に代わり

年々人気の金沢おどりのパンフレット

大和楽《やまとがく》（昭和八年に新しくつくられた）が登場して、金沢おどりの流れに変化が起き出した。テンポが早くなり、一場面一場面が絵巻物のように展開し出した。

駒井氏は語る。

「私としてはまず自分の舞台演出を行うにあたって、どうしても譲れないこだわりが一つありました。そもそも舞台とはお客様に嫌なことを忘れさせ、夢を与えるもの。そのためには、舞台は絶対に美しいものでなければならない」ということだ。

ショーアップして芸妓さんをいかに美しく見せ輝いてもらうか、お客様に自分もあんな風になりたい、あの芸妓さんと宴会を楽しみたいと思わせることができるかどうかなのだ。それが駒井美学。「きれいでないとあかん」ということだ。これが周囲から「和の宝塚歌劇の舞台のよう」と評されるゆえんである。

雅《みやび》な僧踊り

この金沢おどりは、三茶屋街の芸妓が勢揃いの『金沢風雅』の総踊りで幕を閉じる。

おんな川風ひがしへ吹いて
ゆれて冴えたる加賀の月
芸の彩りはてしなく
気持ち弾むやお座敷太鼓
ドンドンドンツクツ
ドンドンツクツドンツクツ
さあささあさ飲んまっし

（『金沢風雅』）

作詞は直木賞作家の村松友視《ともみ》だ。「フィナーレの総踊りには、大相撲興業のシメにはなくてはならない弓取り式のイメージをかさね、『風雅』の裏側に『フーガ』、すなわち遁走《とんそう》曲《きょく》（楽曲形式の一つ）の面白みを意識して作った」という。

　ふだんはそれぞれの歴史を背負い、ならわしやしきたりに従い、全く別々の座敷で繰り広げられている茶屋街の芸妓たちが、年に一度だけ一同に会して競い合う。その金沢おどりの締めくくりが総踊りである。金沢ならではの雅の色合いが出るのは、伝統芸能のメッカ金沢ならではの底力である。

「私ら芸者は『芸』を取ったら、ただの『者』よ」。先ほどの鼓の乃莉さんが若い芸妓らに掛ける言葉だ。まさに『芸』で生きる金沢芸妓の粋なこころ意気である。

　舞を観るもよし、笛と鼓や太鼓の音を聴くもよし、金沢おどりは年に一度の花舞台だ。

（『日本再発見紀行』文芸社平成二十九年）

街角スケッチ②

鶴《つる》　彬《あきら》

墨をする如き世紀の闇を見よ

暁を抱いて闇にいる蕾

平成二十九年四月、うららかな陽春の降り注ぐ一日、卯辰山公園玉兎《ぎょくと》ケ丘《がおか》にある鶴彬（一九〇九―一九三八）の句碑の前に立った。案内してくれたのは地元の泉鏡花研究会会員の小林弘子さんだった。前年、ちょっとしたきっかけでお声をかけさせていただいたご縁からだ。小林さんは鏡花作品を深く読み込み、著書『泉鏡花　逝きし人の面影に』で泉鏡花記念金沢市民文学賞を受賞された碩学《せきがく》である。

昭和四十年の鶴彬の二七周忌に、全国的な規模での基金を得て金沢の鶴彬顕彰会の人々によって建立された句碑には、次の句が大きな石に彫られていた。

暁を抱いて闇にいる蕾《つぼみ》

長年、反戦の川柳作家・鶴彬に興味を抱いてきただけに、この句碑との邂逅《かいこう》は私にとって大いなる喜びであった。昭和十三年九月、日華事変が勃発してから一年二ヵ月後に短い生涯を終えたこの人。しかも平和希求の炎のような情熱を抱きながら駆け抜け、二九歳で獄中死したこの人のことを、同じ昭和十三年八月生まれの私は、若い時から意識していたといえる。軍国主義体制の完全な台頭の最中に、反戦と平和への願いを川柳という短詩に賭けて、一瞬の光芒《こうぼう》を放って消えた彼の生涯は、現在、日に日にまたぞろきな臭くなっている日本の社会にあっては、どんなに意識しようとても意識し過ぎることはない。

後で調べて分かったことは、昭和四十七年には故郷石川県高松の小学校の同窓生を中心にした人たちによって、次の一句の句碑建立がなされている。

枯れ芝よ団結をして春を待つ

彼の死後は遺骨が長兄・喜多孝夫の住む盛岡市に埋葬されたことから、当地の川柳人たちによる句碑が建てられている。

手と足をもいだ丸太にしてかへし

川柳の句五百前後、川柳のほかに「プロレタリア川柳批判への批判的走り書」「川柳の大衆性と芸術性」など、よく評論を書きそれが約九〇篇、それに自由詩数編が残され、そのほとんどが『鶴彬全集』（たいまつ社一九七七年）に収められている。

退けば飢えるばかりなり前へ出る

鶴彬こと喜多一二《きたかずじ》は、明治四十二年一月、石川県河北郡高松町（現かほく市）に生まれた。五人兄弟姉妹の次男である。八歳の時に父親の死亡により、母親は再婚のために上京したため、高松町の伯父の家で成長。伯父の家は小企業の機屋《はた》だったため、女工の句が多く残されている。

日給三十五銭づつ青春の呪い織り込んでやる

教師を目指し師範学校への進学を希望したが、家業の都合であきらめる。高等小学校卒。

ただし専検（専門学校入学検定者資格試験）に合格し、家業手伝いをしながら勉学に励む。小学校の頃から金沢市の地方新聞子ども欄に短歌や俳句を投稿していたというから、文芸的才能はおそらく天与のものだったのだろう。家庭が熱心な浄土真宗だったので仏教書なども広く読み、親鸞を研究したり、仏教理論を身につけていく。

前述の新聞の子ども欄に投稿していた小学生の時に、俳句と同じ一七文字で川柳というものがあることを知り、独学で詠み続けた。一六歳で川柳デビューをしている。

「感傷的詩人は没落した地を歩む詩人なれ……只私はひたすら前進」、この文章を書いたのは鶴一六歳の時で、以降二〇歳くらいまでの間に、彼は思想的に飛躍的に飛躍を遂げていったようだ。この時分の大正十四年は小松鉄工所のスト、石川合同労働組合の集会やビラまきなど階級意識の高揚時代でもあり、同年には国会で治安維持法が可決されたりした。彼自身も昭和三年になると高松町に川柳会を組織し、社会風刺の川柳を併記して町内の掲示版に貼り歩き、演説会なども催している。

世の中も大正末期から新興川柳が、新しい民族短詩として勢力を広げだし、中央に井上剣花坊《けんかぼう》、北海道釧路に田中五呂八《ごろはち》、広島に古屋夢村が出て、鶴もおおいなる刺激を受けている。最初は生命主義の田中五呂八に愛情あふれる指導を受けたが、伯父の事業の破綻から、鶴は職を求めて高松町を去っていく。だが職を得る現実は厳しく、「都会の生活の嵐に吹き回され、資本主義の矛盾に痛めつけられ、もはやこの世には超現実的なものは何ほども実在しないことを体感」と語っている。

資本主義の工場ニヒリストの煙突

次いでプロレタリア川柳を拒まない『川柳人』を主催する東京の井上剣花坊を訪ね、そこを舞台に無産階級的写実主義の川柳を詠み続ける。住まいも東京葛飾に住む実母寿ずのもとに寄宿。北國新聞東京支社に勤めるも、折りあわず離職。「失職すると啄木が兄のように思われます」と同人あてのはがきに書いている。

しもやけがわれて夜業の革命歌

昭和二年、『川柳人』に「僕らは何を為すべきや」を書き、非合法活動に入る。

手と足をもいだ丸太にしてかへし

昭和五年、鶴は金沢第九師団歩兵第七連隊に入隊。そこで彼は半年後に日本共産党青年同盟の機関紙『無産青年』数部を、数回にわたり秘かに隊内に持ち込み、読者獲得のため隊員に配ったことが発覚する事件を引き起こす。いわゆる「赤化事件」だった。治安維持法違反で懲役二年の刑となり、大阪衛戍《えいじゅ》監獄に送られる。

昭和八年に除隊。社会主義を容認し、プロレタリア川柳も容認してくれた井上剣花坊は、この間に亡くなっていた。もう鶴には川柳界のどこにも頼るべき人がいなかった。

それ以降の数年間は、井上亡き後の『川柳人』に川柳の工夫の三行書の句を発表したり、五七五音律と一七字制約の中で、どうしたら労農大衆に記憶され、うたわれやすいかといった図式主義を問いかけた。彼によれば俳句は「詠む」であり、川柳は「吐く」である。果ては大衆性と芸術性をどのように両立させるのか、といったことに全身全霊を傾けていくことになる。

昭和十年、そんななか井上剣花坊夫人の井上信子によって新しい川柳誌『蒼空《そうくう》』が出される。鶴は以降そこを拠点に句を載せはじめる。

玉の井に模範女工のなれの果て
みな肺で死ぬる女工の募集札
貞操を為替に組んでふるさとへ

「風刺がユーモアの室内で活動しているうちはまだ、現実への格闘精神の不徹底さをあらはす。厳格な格闘精神は笑いをやめ、涙を流すことを忘れたところにある」、「決して風刺は叙情という主人に奉仕する下僕であってはならぬ」

枯れ芝よ！団結をして春を待つ

昭和十二年、治安維持法違反で狙いすました特高警察に鶴は逮捕され、東京の野方署に留置される。そこには作家・平林たい子がすでに拘留されていた。頑として正義派一徹で留置場内にあっても心情を曲げない鶴や平林は、人情のかけらもない巡査部長や警部補などから、徹底してしめ上げられる。劣悪な房生活の悪条件の下で腹膜炎を患った平林は、昭和十三年八月半ばに釈放された。続いて赤痢を発病した鶴は、病状思わしくなく警察に診療をもとめたが拒否された。非道の拷問を受けた後、看視付きのまま豊多摩病院に移送されたが、翌九月一四日についに死去。二九歳の短い命を散らした。野方署から代表がくやみに来たのに対して母親寿ずはキッとなって、「殺しておいて今更何を言うか……」と詰めよっても、警察は反論もなく首を垂れたままだった。

自分の論を舌鋒するどく展開した時期もあったが、二〇代後半はそれも影をひそめ、丁寧な説得調が目をひいた。大衆の善意への信頼を持たずしては、社会主義への啓蒙や革命もあり得ないことを、鶴は自覚していた。

日一日と死期が近づく彼の惨状にたまりかねて付添婦は辞退を申し出たが、息子を見た母親が「もう長くはないので、死ぬまで面倒をみてくれるように」と切願したので思いとどまり、鶴の人柄に感銘したこともあり、その後無償で看護を引き受けてくれたという逸話も残っている。

雪崩をうって戦争に傾斜した時代に命がけで抵抗し、川柳を文学の一角に押し上げた偉業の人、鶴彬をわれわれは刮目《かつもく》すべきであろう。

金沢の観光案内書は、道路一つへだてた徳田秋声の碑のことは書かれていても、鶴彬の句碑にはふれてはいない（平成二十九年時点）。それだけに、鶴の句碑を案内してくれた冒頭の小林弘子さんのインテリジェンスというか知性には深く頭が下がる。

街角スケッチ③

一向一揆

百姓ノ持チタル国

報恩講瞥見《べっけん》

平成二十六年一一月一九日の金沢西別院は朝から人々でにぎわっていた。別院がこの地に誕生して四〇〇年の節目に当たるため、この報恩講は能登や広く加賀の門徒約五〇〇人が続々と集まり親鸞さんにお礼をする。かくいう私も金沢の知人のつてで、西別院の外から、また内側からその状況を伺うことにした。なお歴史的にいえばこの別院は慶長十六年(一六一一)に、いわゆる現在の金沢城内にあった金沢御堂から、前田家によってこの地に移されたといわれている。

感心したのは境内にある幼稚園の園児たちが、「親鸞さまお早うございます」と口々に言って門をくぐっていくことである。境内は五色の幕が張られ、同内では門徒勢によって「南無阿弥陀仏」という念仏の声とともに仏具がみがかれているようだ。

親鸞（一一七三～一二六二）の死後、『歎異抄《たんにしょう》』という本が唯円《ゆいえん》によって書かれ、それにより晩年の親鸞の思想や人間的な風貌も後生に伝えられたといわれているが、その第二章に特筆すべきことが書かれている。——親鸞におきては、ただ念仏して、弥陀にたすけられまひらすべしと、よきひとのおほせをかふりて、信ずるほかに別の子細なきなり——。親鸞はあくまで法然の弟子で、師と違うのは彼が罪悪感の強い人間で、放っておけば地獄に落ちるほかなかったということだが、阿弥陀仏のおかげで信仰に入れたのだ、だから阿弥陀仏には感謝するしかない、といったこの人間くささが八〇〇年後の現在にいたるまで、人々のこころを放さないのであろうか。

堂内ではおごそかな法要のあと、大変楽しみなことが待っていた。それは女性門徒が腕によりをかけて作る食事の特別メニュー「ひろうす」を食すことだ。これは親鸞が大好きだった巨大な「がんもどき」の料理で、親鸞への感謝をこめて男女、子供たちも含めて残らず食べることが肝腎とされている。もし残したら罰があたるといわれている。これを「深いご恩に喜びありがたくいただきます」と唱和して、皆がたべている姿を目のあたりにして、浄土真宗というか一向宗の信心の深さを、私は今更ながらに感じ入ったことだ。当然ながら、この報恩講は前田家がこの地にくる以前から続いていることだと聞いて、これまたこの地の根っこが見える特別の日であることを再確認したものだった。

蓮如忌にかけつける

吉崎御坊跡は文明三年（一四七一）七月、本願寺八世蓮如《れんにょ》が北陸布教の拠点として教団初の城廓寺院を建設したところだ。御坊跡は海抜三〇メートルの台地にあり、敷地は約三千坪で三方が湖水に囲まれた要害の地である。一般参詣の参道口の北門、その奥の本堂、僧堂、庫裏が連なり、室町時代の真宗寺院の建築様式をとっていたと推測されている。庭には古図に残されている五箇の石や蓮如が好んで散策した庭の腰掛け石があったと推定されている。

その蓮如の吉崎御坊跡に、私はいつか訪れたいと思っていた。それが実現したのが平成二十九年四月二十三日である。この日は「蓮如忌」で、京都の東本願寺から神輿《みこし》に乗った蓮如の絵像「御影《ごえい》」が、ここ吉崎に到着する日だ。私は前日居住地のつくばを発ち、東京駅から北陸新幹線にて金沢に出、翌日北陸線にて芦原《あわら》温泉駅に来て、そこからタクシーにて午後一時半位に吉崎についた。高村光雲（高村光太郎の父親）作の蓮如像をしみじみと見上げたり、御坊周辺をぶらついたり、門徒の人々と雑談したりして時間を過ごす。夕刻八時近くに御影が吉崎東別院に到着すると、御影を納めた神輿を担いだ一行は、門徒のちょうちんの光に照らされて東別院の石段を駆け上がり、大勢の人が一心に手をあわせる中を本堂に招じ入れられる。

これは「蓮如上人御影道中」とよばれる大イベントであり、蓮如が亡くなった翌年の明応九年（一五〇〇）から連綿として現在まで続いているものだ。いわゆる山を越え谷を越え二四〇キロを踏破し、途中八二カ所に立ちより、七日間かけ徒歩で神輿を運んでくるものだ。道中、小さな集落に神輿が着くと人々が念仏を称え、提灯をつけてその行列を迎え、子供たちは「蓮如さまのお通り～」と口々に言って先導するらしい。

蓮如がここ吉崎に御坊を造るに当たっては、事前に周到な調査をした上であったろう。なにせ乱世であり、自分たちの信仰は己で守らねばならない。蓮如の前からここ北陸の地は、門徒を集めるには適している地と目されていたようだ。北陸人の人間性からして朴訥《ぼくとつ》で辛抱強い。とくに蓮如にとっては、吉崎を含むこの辺の越前庄園領主は経覚という、彼の親戚関係にあった人だ。

蓮如が吉崎に来たのは五七歳の時だ。本願寺にいた彼は比叡山延暦寺の僧兵に焼き討ちにあい、命からがら近江へ、そして三年後にここ吉崎に入ってきたのだ。途中「御文《おふみ》」による各地の布教活動が思いのほか成果があがり、北陸の地での布教に自信を深めていったようだ。「御文」とは「御文章」とも呼ばれ、蓮如が門徒たちに書き与えた文章のことで、浄土真宗の信仰について、わかりやすく平易に書かれているものだ。蓮如は特に吉崎に入ってから大量に「御文」を制作している。

百年の自治

私の興味は必然的に一向一揆に向っていった。これから記すのは現地で聞きおよんだことと、いろんな文献から得たことである。

蓮如が吉崎に滞在したのはわずか四年、彼にとっても北陸の地にとっても激動の時代だった。蓮如の布教の力によって真宗門徒は増え続けた。彼は真宗がひろまると部落ごとに講をつくり道場を建て、そこの門徒があつまる信心の場とし、その講がいくつかできると組をつくり、末寺《まつじ》を設けるということを組織化した。

一方、一五世紀になると守護大名に成長した富樫氏が加賀随一の名門として君臨していたが、赤松政則が北加賀半国の守護に任じられると、一族郎党の間で血みどろの戦いがくり返され始めた。特に応仁の乱（一四六七）後は富樫両流の家督争いが激化して、加賀の武士団を二分しての戦いが始まった。

文明の一揆（一四七四）での富樫政親《とがしまさちか》と弟幸千代《こうちよ》との戦いでは、本願寺派の蓮如は政親側につき、真宗高田派の幸千代を追いやったが、戦いの後に政親が一転して門徒を弾圧しだしたことにより、政親との亀裂が生じはじめた。

白山市鳥越にある一向一揆のレリーフ

翌年の一揆では一向一揆勢が敗退したことから、こらえにこらえ十数年後の長享《ちょうきょう》の一揆（一四八八）では、農民をはじめ漁民、商工人、流浪人らの一向一揆勢が一三～二〇万人の人を集め、「進めば極楽、退けば地獄」「弥陀一仏」といったむしろ旗をかかげ、命を賭した戦いの末、二万人がこもる高尾山にて富樫政親を自刃させて、勝利を勝ち取った。これによって加賀に一向一揆の国が誕生したのだ。

平成二十八年に八四歳で亡くなった作家真継伸彦《まつぎのぶひこ》の若き日の小説『無明《むみょう》』は、この戦いを描いて評判をとった作品だが、その中にこのような一文がある。

「善政さえ敷けば、加賀四郡と越中砺波郡に住まう幾十万の門徒がそのまま城であり、土居となる。彼等は他国を攻めるには弱い。しかし安住の地を守るために死力をつくして闘うのである」。

日本の中世史上宗教が地域社会全体に影響し、その動向いかんによっては初の市民社会の誕生をみたかもしれない事態だった。

たしかに豊かな土地に住み戦乱にたえず巻きこまれる畿内の門徒はこざかしく、浄土よりも穢土《えど》（現世）を大事に思い、現世の利害によって離合集散する。ひるがえって、貧しい北国の土民は朴訥《ぼくとつ》である。彼らは一度得た信心を墨守する。天地が雪に閉ざされるながい冬、在所の衆は終始寄り合って談合する。そこでしだいに気高い、正しい信心を養育することができるのだろう。

以後、天文十五年（一五四六）に金沢に御堂を建て、天正八年（一五八〇）織田信長に滅ぼされるまで、武士ならでは世の明けぬといわれた戦国の時代に、一〇〇年もの長い間、加賀に「百姓ノ持チタル国」を出現させた。そして完全に自治を貫いたのであるから、これは驚くべきことであり、日本の歴史のなかでも特筆されるべきことであったといえよう。

4　金沢辛口寸評

百年の自治は？

「多くの金沢市民は金沢を百万国文化の所在地として誇り、県外の人びとは百万石文化の地としてうらやみ、ときには永住さえ希望する。しかし百万国文化の本質を何であるかを誰もが知ろうとせず、明らかにしようとしない。知ろうとせず、明らかにしないのは自ら金沢が立っている基盤を揺るがせかねないことへの懼《おそ》れ・恐怖のためであろう」。

これは私の文章ではなく、田中喜男金沢経済大元教授のもの（『講座金沢学事始め』平成三年）である。だが私も全く同じような感じを持っている。一五世紀末から約百年間、戦国乱世の時代に一向一揆という革命手段によって、日本歴史のなかでも特筆すべきコミューンを打ち立て、完全な自治、つまりある種の共和制を敷いたのである。金沢市民の多くはこのことになぜ沈黙するのであろうか、不思議でならない。

結論的にいうならば、市民は大なり小なり現在までもその影響下にあるようだ。それならばそのことにふたをするのではなく、まちの成り立ちの二重性と多様性を深く学び直すべきではなかろうか。また百年の自治の力を正しく評価するべきではないだろうか。

例えば平成二十四年に旧松任《まっとう》市議の東敏夫氏の『一向一揆と加賀の精神黙り一』の中に、その筋道が語られている。加賀の人たちの精神風土は「黙り一」だといわれている。「黙り一」とは、保身術として自ら箝口令《かんこうれい》を敷いたり、行動をしなかったりすることだというが、この説は今でも有効なのだろうか。


それにしても、このまちの市民の文化教養の高さにはびっくりするものがある。幕末には一料理屋の亭主が海外のばくだいな蔵書をもち、海外辞典を引いて蒸気機関車の走りをあんどんのもとで研究していたといったことが紹介されているし、現在でもちょっとした商人のお宅に茶室があり、そこに本物の蕪村の掛け軸がかかっていたりしている。（宮本憲一「金沢の味」北國新聞平成十四年六月一四日）。こういったことは、観光客には絶対に分からない。なぜそういった内部の実態を金沢は見せてくれないのだろうか。

三大文豪もよいが、西の茶屋に展示館がある『地上』の島田清次郎、日本の魯迅ともいうべき『綿』や『少年』の加賀耿二《こうじ》（本名谷口善太郎）、幻の反戦川柳人と言われた鶴彬《つるあきら》といった金沢周辺から出てきた貴重な反骨近代文学者、別名「一向一揆の末裔《まつえい》たち」といわれる文学者の存在も、観光客には見えてこない。

徳田秋声の言う「枉屈《おうくつ》」がここでも気になる。その呪縛からそろそろ市民が解放されるべきではないのか。そのためのキーワードの一つが、一向一揆の「百年の自治」であると私は思う。

どなたかの言葉を借りれば、金沢（加賀）は『余所者には正体をあらわさない』ということなのか。出会った金沢の人々の多くが謙虚で親切で人柄の良い人ばかりだったので、はてなと頭をかしげることしきりなのだが、はたしていかがなものであろうか。

まばゆいばかりの明るさを放ちだしている金沢のまちには、今後ますますその地に住む市民を中心に胸を張ってまちづくりに励み、発展に磨きをかけることを望みたいものだ。

Ⅲ　神楽坂

1　粋なお江戸の坂のまち

伝統と人が集まる磁場を守り抜く

神楽坂は「ハレ」舞台

徳川三代将軍家光は寛永十三年（一六三六）江戸城拡張工事の総仕上げとして、牛込見附と牛込橋、それに今の矢来町の老中・酒井忠勝の下屋敷までの約一キロの牛込御門通りを開通させた。神楽坂下から大久保通りまでの道幅約一二メートルは現在と同じである。

家光は一七歳年上のこの守り役の酒井忠勝に心酔していた。普通将軍が大名家に御成りになるのは生涯で一回あるかどうかといわれる中で、なんと家光は彼のもとに一五〇回も訪れた。家光が御成りになったとき、また御殿山（現筑土《つくど》八幡《はちまん》から白銀町にかける高台）に鷹狩りに来たときなど、今の神楽坂五丁目に軒をつらねた魚商たちが「肴《さかな》」を献上した。

神楽坂通りは江戸期の道幅と一緒

そこはかつて牛込城下の「兵庫町」で、武家屋敷群の中でここだけが町屋であった。すると以後町名を「肴町」と改めるようにと、家光から忠勝を通してじきじきの指示があった。以来それを名乗り、昭和二十六年五月の町名改正まで続いた。

いずれにしてもこの神楽坂通りは将軍家光が通った天下御免の「ハレの道」であり、老中・酒井忠勝の登城路であり、特に坂下から大久保通りまでは肴町の町衆自慢の通りであった。ただし江戸時代は急坂であったため、そこを常時登城路にしたかは疑問視されており、現神楽坂通り以外にも別に軽子坂経由などのルートがあったと最近は考えられている。

坂の通りをいつから神楽坂と呼ぶようになっ

たかは、一七世紀末の古地図にすでにその名が散見しており、早い時期にその呼称が定着していたようだ。「神楽」はもともと平安中期に雅楽が普及するにつれ、鎮魂の神事音楽としてその名をあてたようだ。江戸期には宮廷のお神楽に対して、各地の社で里神楽として娯楽性を盛りこんで広く行われた。楽器は笛、ひちりき、鉦鼓、大小の太鼓、大拍子などを拍子方が演奏した。地名の由来の「神楽を奏したところはどこの社？」という疑問は、今もって若宮八幡、筑土八幡、赤城神社、市ヶ谷八幡、高田八幡の御旅所などの諸説があり、はっきりしない。いずれにしても神社の祭礼時にどこからか神楽の音が流れ、周辺に楽しげな空気が流れていたことは想像にかたくない。陽気でにぎにぎしく、身振りや手振りなどの動きを誘発させるお神楽には、わくわくさせる芸能の本質が詰まっている。神楽坂はいつの頃からか「ハレ」舞台になっていった。

藁店《わらだな》から扇歌《せんか》の美声

江戸中期以降、この舞台周辺に各種の小屋ができていった。

例えば北町に住む北御徒士組《きたおかちぐみ》の大田南畝《おおたなんぽ》こと蜀山人《しょくさんじん》が、安永三年（一七七四）頃、四方《よも》赤良《あから》の狂歌名で唐衣橘洲《からころもきっしゅう》、朱楽菅江《あけらかんこう》、平秩東作《へいずつとうさく》、酒上熟寝《さけのうえじゅくね》、臍穴主《へそのあなぬし》らと、時には赤城神社や行元寺《ぎょうがんじ》前の岡場所（遊郭）にもぐりこみ、酒宴をしながら狂歌、狂詩、洒落本づくりに励んでいた。多分神楽坂通りも市ヶ谷八幡の記述――「昼夜音曲の淫声絶えずおいっぽう、あるいは豆蔵（手品使い）というものの定小屋などにぎわいたり」同様、小屋が建ち三味の音、太鼓の音、笛の音も流れる、かなり殷賑《いんしん》（にぎやか）をきわめた土地だったことが推察できる。

江戸末期には、江戸の各地に演芸場や寄席ができていった。寛政十年（一七九八）三笑亭可楽が下谷柳の稲荷神社で落語の寄席興行をしたのをきっかけに、寄席が江戸各地で盛んになったが、天保六年（一八三五）には都々一坊扇歌《どどいつぼうせんか》がはじめて高座へ上がったのは神楽坂通りを一本入った藁店《わらだな》で、その時初披露に及んだものが都々逸《どどいつ》だった。あっという間に江戸人の人気をかっさらい、「都々逸をうたはぬ者は江戸っ子じゃねえ」とまで巷間《こうかん》の人気を集めた。盲目の美声の扇歌を一目見ようと藁店―神楽坂通りは人でごったがえ

都々一坊扇歌（イラスト／しみずなおこ氏）

した。

都々逸は扇歌の出現により七七七五調二六文字に歌詩形が変えられ、新作歌詩の優劣を競う場に転換されたのだから、彼の機知と美声と三味線のつま弾《ぶ》きで寄席の喧噪《けんそう》はすさまじいものになった。息子を生体実験で失明させた医者の父親に対して、〈親が藪《やぶ》なら私も藪よ藪にうぐいすなくわいな〉と、親に芸人になる決意の絶縁状をたたきつけた彼は、江戸で成功したものの、時の幕府批判がすごすぎてついに江戸所払いとなり、姉のいた現茨城県石岡市に流れてわびしくも病死している。

花柳界の誕生と発展

にぎわった町の雰囲気を引き継ぎ、安政四年（一八五七）行元寺境内に花街ができた。この寺は鎌倉時代創建の天台宗で、神楽坂五丁目（今の超高層マンション・アインスタワー）にあったが、明治四十年に品川に移転している。

明治七年、肴町から失火、神楽坂花街が全焼しているが、明治二十年くらいには牛込区内に芸妓三一名。明治二十年から始まった毘沙門天の縁日には、東京で最初の夜店が出てにぎわい、演芸場や寄席も増えていったようだ。日清、日露戦争を契機に置屋、待合、料理屋の三業地として発展、当時の芸妓数一二〇人は東京の二五花柳界で一〇番以内に入るものだった。以降順調に発展し、昭和十二年には芸妓と幇間《ほうかん》合わせて約六〇〇人、料亭、待合は約一五〇軒にもなり、神楽坂の名をおおいに響かせたものである。

今次の大戦で神楽坂は完全に燃えてしまったが、昭和二十五年、朝鮮戦争の好景気にバラック建ての店が消え、ようやく商店がそろい始めた。坂下から見て右側に山田紙店、紀の善、左手には翁庵、志満金、オザキ靴店、夏目写真館、龍公亭、助六と老舗が復活してきた。そんな時期にいち早く復興したのは花柳界だった。昭和二十七年、歌謡曲『ゲイシャ・ワルツ』が突然大ヒットして、神楽坂の花柳界が全国的にその名をとどろかせた。作詞はかの西条八十《さいじょうやそ》、作曲は古賀政男、歌手はこの地で美声が知れ渡っていた神楽坂はん子である。

花柳界は三味線、長唄、常磐津、富本、清元などの語り物、踊りと日本の伝統芸能の粋《すい》を披露しながら、人情や礼儀といった日本の大切な文化を守りつづけ、究極のもてなしを客に披露するところである。現在失いつつある江戸の粋《いき》と艶《つや》は、もうこの花柳界の中にしか見る事ができないであろう。

現在芸妓一九名、料亭も四軒を割ってしまった（平成二十九年三月）のはさびしい限りであるが、そこで精進される芸事は各種の芸能と深いところでつながっており、その師匠たちの存在を含めて広く神楽坂の伝統芸能とつながっている。同時に花柳界という粋筋の「いきな仕草」や「いきなこころ根」は、路地を通り横丁をへて流れ、神楽坂周辺の住民にも及んでいる。

明治、大正、昭和のどの時代からかは不明だが、神楽坂は周辺の人々の口から「粋なお江戸の坂のまち」と言われたのは縁なきことではない。

近代文芸の発祥の地

そのほか特筆すべきことは、尾崎紅葉が横寺町に住み夏目漱石が山房を早稲田南町に開き、坪内逍遙《つぼうちしょうよう》が余《よ》丁町《ちょうまち》に住んだことにより、日本の近代文芸は神楽坂に集中したことだ。紅葉（一八六七―一九〇三）は明治二十四年に横寺町へ来て、不朽の名作『金色夜叉《こんじきやしゃ》』を新聞に発表した。その家に寄遇した泉鏡花が『高野聖』『婦系図』を書いて一躍人気作家になった。他に徳田《とくだ》秋声《しゅうせい》、小栗《おぐり》風葉《ふうよう》、正宗白鳥《まさむねはくちょう》、広津《ひろつ》柳浪《りゅうろう》など多くの文人が紅葉の門をたたいた。紅葉の葬式には、先頭が飯田橋の駅についてもまだ最後尾は横寺の家を出ていないという状態だった。

夏目漱石（一八六七―一九一六）は明治三十七年『吾輩は猫である』、三十九年『坊ちゃん』を発表して人気作家になっていった。四十年、朝日新聞に入社を期に早稲田南町七（現漱石公園）に居を移し、毎週木曜日に弟子たちの集まりを自宅に持った。山房に集まったのは寺田寅彦、和辻哲郎、内田百閒《うちだひゃっけん》、野上豊一郎らそうそうたるものだった。会が終わるとメンバーは神楽坂の演芸場や寄席に繰り出し、伝統芸能のファンとしてそれを支える一翼をになった。特に漱石は寄席通いに熱心で、和良店亭に出演した三代目柳家小さんの芸に酔いしれた。

坪内逍遙（一八五九―一九三五）は、赤城神社の境内の清風荘で弟子の島村抱月《しまむらほうげつ》（一八七五―一九一八）が留学先のドイツからの帰国するのを待って、近代演劇のさきがけとなる文芸協会を設立させた。第一期生の松井須磨子《まついすまこ》（一八八六―一九一九）と抱月の恋愛事件で逍遙と抱月は決別した。ただちに抱月と須磨子は芸術座を立ち上げ、『復活』で大当たりをとり、その劇中歌『カチューシャの唄』は日本国中に流れる大ヒットになった。大正四年暮には待望の演劇小屋「芸術倶楽部」を横寺町に完成させた。

抱月がちょっとしたスペイン風邪をこじらせて大正七年に急死、それを追うかのように、須磨子が二ヵ月後に後追い自殺を遂げた。芸術座に子役として出演していた初代・水谷八重子は、後に新派の女優として大成した。

紅葉、漱石、逍遥らが吸い寄せられるように神楽坂に集まったのは、江戸初期に用意された「ハレ」舞台に、今や遅しと咲き誇った花柳界、演芸場、寄席、それに老舗のお店や名物料理店らが放つ濃密な雰囲気にひかれたからだろう。

文化人が集い、暮らし、そして楽しんだまち

ところで漱石一門の内田百閒もよく神楽坂界隈のことを書いている。箏《こと》もたしなんだ内田は、「春の海」で知られる箏曲家・作曲家の宮城道雄とも親交があった。当時、払方町《はらいかたまち》に住んでいた宮城のところに内田が稽古に通うようになっていたが、そのうち、坂の界隈でもご馳走をいただくほうが多くなってしまった、と宮城は随筆に書いている。内田が行きつけだった洋食といえば田原屋だが、このような文化人が通った料理屋が多いのも神楽坂の特徴だろう。さらに漱石の原稿用紙を扱った相馬屋と、それと人気をわける山田紙店（廃業）、先代の勘三郎が特注のせんべいをつくらせた福屋など、文化・芸能人に縁のある店を挙げるとキリがない。路地の奥に数多くの映画の脚本が執筆された「ホン書き旅館」として知られ、平成二十七年末に廃業した旅館和可菜《わかな》があったことも加えておきたい。

また戦前のこの界隈には演芸場も多かった。先の漱石のエピソードに出てくる和良店亭。柳家金語楼がよく出ていた神楽坂演芸場。柳水亭（後の勝岡演芸場）、牛込亭など。こうした場所でさまざまな番組が組まれ、大衆の憩いの場所として愛されていた。戦後毘《び》沙門天《しゃもんてん》が再建されると、そこで四代目三遊亭金馬が主宰する「毘沙門寄席」がスタートするが、これは現在いくつもあるまちの落語会の先駆けといえるであろう。

さらに洋画の牛込館や神楽坂武蔵野館といった映画館も揃っていた。なかでも安い値段で数本の映画が見ることができた佳作座（廃業）は、映画好きであまり懐に余裕のない青年達にとってはありがたい存在で、ここで映画の魅力にとりつかれたファンも多かったようだ。

芸能のまち神楽坂

かつて神楽坂のタウン紙『ここは牛込、神楽坂』の第二号（平成六年十月刊）に「神楽坂古典芸能 WHO'S WHO」と称して、歌舞伎、鳴物、薩摩琵琶、箏曲、長唄、富本、新内、清元、常磐津などの一流人の名鑑が紹介されていた。ほかにも能楽、舞踊、尺八、小唄、端唄、落語も続いて紹介予定と書かれていた。

粋筋のまちであるから当然といえば当然かも知れないが、神楽坂に居住されている伝統芸能に関わる人数の多さにびっくりする。その一人ひとりに対して編集者立壁正子《たちかべまさこ》さんの取材内容も興味深い。例えば邦楽界の重鎮としてご活躍の長唄の人間国宝・宮田哲男さんは、「毘沙門天の裏に西垣勇蔵先生のお稽古場があって学生時代は詰めきりで聴いていましたね。帰りに翁庵でそばを食べるのが楽しみでした」。藤舎流《とうしゃりゅう》家元の藤舎呂船《ろせん》さんは、「神楽坂（平成六年当時）は、土地柄、芸に理解があってくらしやすい」。神楽坂生まれの新内節《しんないぶし》の人間国宝・鶴賀若狭掾《つるがわかさのじょう》さんは、「向田邦子さんが神楽坂の料亭に女性四人で来られて新内を聴いてくれました。その後も応援してくれて――」といったように、どの人をとっても伝統芸能と神楽坂の土地が見事に混ざり合っていて興味は尽きない。

歌舞伎の発表の場こそないが、能・狂言には矢来《やらい》能楽堂があり、日本舞踊や邦楽はまちの随所で発表会がもたれている。

そして現代。まちの姿は変わったといわれるが、それでも伝統芸能に携わる多くの人がこの界隈で暮らしている。演芸場はなくなったものの毘沙門天を中心にいくつもの落語会も開催されているし、唯一の映画館になったギンレイホールでは初日にたいがい行列ができる。さらには夏には商店会による阿波踊り。秋には数多くの展示や公演がもたれる手作りの市民文化祭・「神楽坂まち飛びフェスタ」、さらにはアーツカウンシル東京（公益財団法人東京都歴史文化財団）と地元NPO法人粋なまちづくり倶楽部とタイアップした「神楽坂まち舞台大江戸めぐり」といった、まちの劇場空間化も続いている。

そんな状況を見ていると、江戸初期に「ハレ」舞台が用意された神楽坂には、神楽にみちびかれて芸能の神さまがお出ましになり、今もってこの地に居続けているのではないかという思いが強くなる。「芸能のまち神楽坂」はまだまだ意気軒高、さらに東京の中で伝統芸能を保持してゆける貴重なまちとして、その存在感を誇示できそうである。

（『神楽坂伝統芸能読本』平成二十一年）

NPO協賛の「神楽坂まち舞台　大江戸めぐり」

2　エッセイ　神楽坂評判記

山の手と下町

私が神楽坂と出会ったのは昭和二十七年の中学二年の時だ。高校生の長兄が学校の帰りにしばしば坂を登って右側のところにあった「神楽坂メトロ映劇（現マツモトキヨシ）」で映画をみていたので、向こうをはって出かけて行ったのがはじまりだ。すでに映画狂になりつつあった私は深川の門前仲町から都電に乗りつぎ、ほぼ毎日曜日にそこに通ったものだ。チビだったために街のたたずまいや人通りには無関心であったので、正直言って街の印象は極めてうすい。まあ門前仲町よりかはるかに静かな街といった程度しか印象にのこっていない。

その頃の神楽坂の街の風情を描写しているのが、私より一〇年早く深川佐賀町に生まれ、小学校の先輩（明治小学校）にあたる**山本祥三**（昭和三十二年没）という人だ。

シネマスコープ（神楽坂メトロ）大人一二〇円、同伴九五円、学生五五円、学生料金が普通料金の半値なのはこの街らしい。ジャズ喫茶、トリスバー、ダンス教室、気のきいた喫茶店などが目につく。

山の手でも下町でもない神楽坂の雰囲気。戦前に反映した盛り場のカンロクが残っている。戦災ですっかりイタメつけられたこの街も、昔日のおもかげはないにしても軒を並べた商店は皆小綺麗で感じがいい。**山の手の上品さと下町の気安さ**をもつこの街、街の中程はこじんまりとした毘沙門天の境内に子供の遊び場がある。

（『東京風物画集』昭和三十八年）

しからば戦前の神楽坂はどう描かれていたのだろう。

もともと神楽坂の街は、徳川幕府によって一七世紀初頭につくられたもの。神楽坂通りという道は、何度もふれたように大老酒井の登城路として開削されたもので、両側は武士の家が軒を連ねていたところだ。幕末から盛んになりだした下級武士や町民の遊び場・岡場所の存在と、一八世紀末に麹町から移転してきた毘沙門天の信仰によってにぎわいだしていたことが幸いした。

結局明治維新で消滅した武士階級に変わって、新住民の移転と芸者を主とした花街の誕生によって街はにぎわいだし、明治二十年ごろの毘沙門天の東京初の夜店に人気があつまったこともあり、急激に繁華街になったところである。山の手の品の良さというのは武士階級の質実さと花街の粋な風情や所作のミックスによってもたらされたものと考えられる。

明治二十年に始まった、毘沙門天の夜店が東京中から注目されてもてはやされた。そのあたりを描いた文章など数点ピックアップしてみる。

まずは**尾崎紅葉**の門下生で絢爛《けんらん》たる文章は師紅葉に劣らず、そのため小紅葉といわれた**小栗風葉**の『恋慕流し』（明治三十一年）からの引用。

二人は相伴って宿を出た。山の手一と謂われるこの毘沙門天の縁日は寺町の通りから神楽坂に下へかけて両側に火の焔《ほむら》を作っている。はげしい人でで、下駄の音、金鼓の声、境内の見世物小屋は言立てののどを涸らして鳴り物の響きを尽くして、人の潮をくいとどめようとあせっている。

かの文豪**夏目漱石**も多くの作品の中で神楽坂をとりあげている。「坊っちゃん」では、赤シャツとの釣話の中で、「神楽坂の毘沙門の縁日で八寸ばかりの鯉を針で引っかけてポチャリと落とした」話をしているし、松山に赴任した坊ちゃんは松山の大通りを散歩しながら、「神楽坂を半分に狭くした位な道幅で町並はあれより落ちる」といわせている。
田山花袋（一八八一～一九三〇）の『東京の三十年』（大正六年）では――、

牛込で一番先に目立つのは、例の毘沙門の縁日であった。今でも賑やかだろうが、昔は一層賑やかであったように思う。なぜなら電車がないから、山の手に住んだ人たちは、大抵は神楽坂の通りへと出かけて行った。／私は初めに納戸町、それから甲良町、喜久井町、原町という風に移って住んだ。今でもそこに行くと、いわゆる山の手の空気が私をたまらなくなつかしく思わせる。子供をおぶった束髪の若い細君、毎日毎日倦まずに役所や会社へ行く若い人たち、どうしても山の手だ。

そのほか**泉鏡花**、**永井荷風**、**北原白秋**、**正宗白鳥**、**水野仙子**、**矢田津世子**《やだつせこ》などと名をあげたら切りがない。その後大正十二年の関東大震災時は頑丈な牛込台地の地形に守られて被害のなかったこの地に、下町から、三越、松屋、白木屋、高島屋、明治製菓、プランタンといった銀座の有名店が軒並み神楽坂に分店を出したために、「山の手随一の繁華街」ともいわれたが、それもつかの間、新宿、渋谷、池袋のターミナル化によって街は一気に沈滞していった。

関東大震災後の神楽坂

その頃の街の様子を前向きにとらえた作家がいた。早稲田大学出身の**加能作次郎**（一八八五～一九四二）で『大東京繁盛記』（昭和二年）でこう評している。

僕は時々四谷の通りなどへ、家が近いので散歩に出かけて見るが、まだ親しみがすくないせいか何かごたごたしていて、あたりの空気にも統一がないようで、ゆったりと落ち着いた散歩気分で、ぶらぶら夜店など見て歩く気になることが少ない。／それが神楽坂になると、全く純粋に暢気な散歩気分になれるんだ。それがぼく一人の感じでなさそうだ。それというのも晩にあすこに出て来る人達は、男でも女でも大抵矢張り僕なんかと同じように純粋に散歩にとか、散歩かたがたちょっととかいう風な軽い気持ちで出てくるらしいんだ。だからそういう人達の集合の上に、自然に外のどこにも見られないような一種独特の雰囲気がかもされるんだ。誰もかれもみんな散歩しているという気分なり空気なりが濃厚なんだ。それがまあ僕のいわゆる**神楽坂気分**なんだが、その気分なり、空気なりが僕は好きなんだ。

昭和五年に出版された『牛込区史』にも、この頃の神楽坂を「両側の店舗の家並みは落ち着きを見せ、そこに一点の情緒さえ漂わせる神楽坂特有の気分のみなぎっている処、山の手方面には他に類例がない」と、震災以前とかわらぬ古き良き東京の家並みをほうふつとさせる書き方をしている。

その一方で、評論家でジャーナリスト、時代の寵児《ちょうじ》の**大宅壮一**はこの地をこう述べている。

神楽坂は全く震災に生き残った老人のような感じである。銀座のジャズ的近代性もなければ新宿の粗野な新興性もない、空気がすっかりよどんでいて、右も左も動きがとれないようである。……神楽坂といえば東京でも有名な盛り場だが、恐ろしく活気がない。

街がどことなく湿っぽくてかび臭い。

（「文芸倶楽部」昭和五年）

大変ないわれようである。だがたくさんの職人を抱えて店先に仕事場のある店が多く、漬け物屋は店先に自家製の漬物樽をならべ、お茶屋は店で茶をひいており、餅屋は奥で餅を作っていた。どちらかといえばかたくなに江戸、明治、大正の伝統を守る老舗が多かった。たとえ昭和になり時代遅れといわれても、既製品が大量に出回る銀座や新宿に対して、平然と店の形態を変えずに頑固に店を守り通す店が多かった。現在になっても、この街にはこういった雰囲気が、街のＤＮＡとして残されているといってよいだろう。

戦後再び息ふきかえす

昭和二十年五月二五日夜半の米軍空襲で神楽坂のまちは炎上した。徳川家康の都市づくり以来、三四〇年余のまちの安寧を享受した東京でも希有な街もすっかり灰になった。それを記したのが作家の佐多稲子だった。

敗戦の東京の町で、私の見た限り、牛込神楽坂のあたりほど昔日のおもかげを消してしまったところはない。ここにいとなまれた生活の余映さえとどめず、ゆるやかに丘をなした地形がすっかり丸出しにされて、文字どおり東京の土の地肌を見せている。／丘の上を一本通っている道がこんなふうに弱々しく愛らしいということも、この丘をいよいよ古めかしく見せるらしい。／この道に、あんなに商店の灯が輝き、人々が群れて通ったのであろうか。

（『私の東京地図』昭和二十一年）

幸い街は江戸期の道や路地と区画割りをふまえて、またたくまに再生されていった。昭和二十五年には朝鮮戦争の好景気にバラック建ての店が消え商店がそろい始めた。もちろんいちはやく活況を呈したのは花街だ。すでに触れたが、そんな時期の二十七年に歌謡曲『ゲイシャ・ワルツ』が突然大ヒットして**神楽坂の花街が全国的に**その名を轟かせた。作詞西条八十、作曲古賀政男、歌手がこの地で美声が知れ渡っていた神楽坂はん子である。かつて昭和初期の大ヒット曲『東京行進曲』に神楽坂を入れなかったために、地元からブーイングの的にされた西条八十の名誉挽回のヒット作であった。

昭和40年代のまちなか風景
（写真／持田晃氏）

♪あなたのリードで島田もゆれるチーク・ダンスのなやましさ♪

関東大震災直後の数年間に栄えた神楽坂花柳界が再び活況を呈し、街もにぎやかになっていった。冒頭私が映画を見に訪れた街は丁度この頃にあたっているのだが、おそらく活況直前の頃だったようだ。街はまだまだ静かであった。

このあと花柳界は三十年代、四十年代初頭と華やかであったが、四十年代後半、五十年代と徐々に低迷していった。街も静かでシックなものになっていった。六十年代、平成初頭も街は静かなたたずまいをしめしていた。

その頃だったのだろうか、**白洲《しらす》正子《まさこ》**の貴重な文章がある。

小石川の家から、神楽坂は近かったので、ときどき散歩にいくようになった。下町の中でも、ここだけはちょっと変わった雰囲気があり、親しみやすかったせいかも知れない。どう違うか、ひと口にはいえないけれども、学生街であったことと、牛込の邸町に近いため、山の手と下町が入りまじったような性格がある。今どこの町にも特徴がなくなって、東京はのっぺらぼうの大都会と化したが、まだ神楽坂の裏通りに入ると、昔ながらの石畳や路地が残っていて、**江戸の情緒**をたのしむことができる。／ことに毘沙門さまの縁日の夜は活気がある。お寺の門前には夜店がならび、生きのいいねえちゃんが、江戸っ子弁で応答してくれる。それに見とれて、いりもしない独楽や凧を買ってしまったこともある。独楽のまわし方や、凧糸のつけ方まで、彼女はていねいに教えてくれた。ああいう親切さは、このごろの町にはない。近所のおせんべい屋でも、果物屋でも料理屋でも、今は失われた人情味が神楽坂には多分に残っているような気がする。

（『神楽坂散歩』昭和五十三年）

ヨーロッパ人に人気

戦後まもない昭和二十四年に開業し主として映画脚本家が集まって脚本を書いた旅館和可菜に逗留して、ＮＨＫの大河ドラマ『秀吉』や『利家とまつ』や、朝ドラも書いた**竹山洋**がエッセイでこう言っている。

神楽坂は江戸とＴＯＫＹＯが渾然となった町で、外国人の姿も多い。フランス人のたむろするクレープの店も出来た。彼らにきくと、日本の中でプレイゾーンの都市機能がこれ程バランスよく整った町は珍しいといった。普通なら不可能な原稿量を書けるのも、この町のお陰である。二十年程前に、石畳の路地の奥にあるＷという日本旅館の一室を使わせてもらったのが縁だ。Ｗは知る人ぞ知る「出世旅館」で、たくさんの小説家、映画監督が巣立ったところである。美人の女将と江戸っ子の小柄なお手伝いさんがいて、未熟な私を叱咤激励し続けてくれた。／神楽坂はこういう**気持ちのいい人**がいっぱいいる。すこし、人にやさしいドラマが書けるようになったのは、この町のお陰かも知れない。

（「読売新聞」平成八年十一月十三日夕刊）

そんな町の人情風情を愛して住み着いたのがフランス人の**ドラ・トーザン**だ。

初め住んだのは、来日したばかりの平成五年。仕事の都合で一時期、ほかの街に住みましたが、やはりここ（神楽坂）が大好きで、戻ってきて六年ほどになります。せっかく日本にいるのだから、その文化を感じられる街でくらしたい。／フランス文化が感じられる神楽坂ですが、やはり一番の魅力は、日本的な雰囲気。神楽坂に住んでいるというと、日本人にもうらやましがられますが、特に、海外から東京に遊びに来た友達を案内すると、みんな喜びます。迷路のような石畳の路地を散歩しながら、お香や和風小物の店に連れて行って、最後は居酒屋という、私の神楽坂一日コースです。フランス人だけではなく、ドイツやアイルランド、ベルギーなど、ここに惹かれて住んでいるヨーロッパ人を大勢知っています。**ヨーロッパ人は歴史に魅力を感じる**からでしょうね。アメリカ人には、全然会ったことはありません。

（『カグラザカは東京の宝！』「東京人」平成十八年四月）

粋な「やる気なさ」

平成十年代になると、まちをあげての「まちづくり」の成果が出てきて活況を呈してきたためか、エッセイストの**三善里紗子**は東京新聞の「ＴＯＫＹＯどんぶらこ」の中でこのように述べていた。

夕刻はまず居酒屋の伊勢藤で一献。しっとりと落ち着いた店内の囲炉裏端で、酒ぬる燗にしてもらう。静寂の中、小さなお猪口の酌《く》みかわす酒はまさに神楽坂の趣。／そんな和の店が並ぶ一方、フランスやイタリアの国旗もあちこちに翻っている。／このように、新旧、和洋入り乱れて、相反するものが同時に存在しているのが神楽坂の魅力である。／曲がりくねった路地の先に、何があるのだろう。ノーブルな秘密の匂いがする神楽坂に当分通い、酔い続けることになりそうだ。

（「東京新聞」平成十四年三月十七日）

平成二十年代に入ると、東京新聞の同じ欄に保健学博士の**河合薫**はこう述べていた。

トレンディーじゃなくて粋。賑やかだけど騒がしくない。神楽坂は、まさしくそんな「大人の町」である。／神楽坂の最大の特徴は、華やかな街でありながら「生活の

「まち飛びフェスタ」で人気の「坂にお絵かき」

匂い」がする。「人が住んでいる町」だという点だ。最近は周辺に高層マンションが建ったり、ドラマの影響からガイドブック片手に訪れる観光客は急増した。それでも一歩大通りをはずれると、「いいね!」とうれしい悲鳴をあげたくなる。旨くて粋で、気取らない店がたくさん残っている。大抵の場合、この手の店は家族経営で、ガツガツせず、どこかおおらかで懐かしい。店主の具合が悪いとさっさと休み、電話番号が変わっても告知せず、盆と正月はしっかり休む。そんなやる気なさ(笑い)が、**世知辛い今の世の中でたまらなく、心地いいのだ。**

明治時代に毘沙門天の夜店で賑わい、大正時代に花街として隆盛をほこり、関東大震災後「山の手銀座」とよばれたこの街を知る人たちからは、街がすっかり変わってしまったと嘆く声も聞かれることも事実である。

だがここで暮らし店を構える人々には神楽坂の『粋なDNA』が受け継がれているように思う。**神楽坂の粋な「やる気なさ」**が、ここを訪れる人々を癒やし続けているのである。

(「東京新聞」平成二十一年二月七日)

神楽坂は今日のところ、まだ神楽坂

だが街は常に問題をかかえている。東京の中心部にあって**「ヒューマンスケールのまち」「江戸を残しているまち」**が、ここにきてまたもや開発のターゲットにされかかっている。平成二十八年に朝日新聞誌上で四回にわたって掲載された『神楽坂……粋とモダンの坂の街』に紹介されていた**倉本聰**の言葉は痛烈だ。**辻賢治**記者はこう書いている。

あまたの物語が生まれた神楽坂で、地元にブームを起こした作品があった。平成一九年放映のドラマ「拝啓、父上様」だ。修行中の板前を主人公に老舗料亭での日々が描かれた。／「拝啓、父上様」は神楽坂のアグネスホテルで書き進めた。放映後はロケ地を巡る人々が押し寄せ、観光地化が進んだ。しかし倉本さんは「『北の国から』の富良野のときほど、作品で街に大きな貢献ができなかった忸怩《じくじ》たる思いがある」と言う。／ドラマの主人公・一平の語りで終わる。「神楽坂は今日のところ、まだ神楽坂だ」。倉本さんが込めた思いは変わらない。「神楽坂は新陳代謝の激しい街。だが、伝統はまだ残っている。だから頑張ってほしい」

（「朝日新聞」平成二十八年十二月一日）

後ほどふれるが、神楽坂は大久保通りの拡幅という、今や街にとって最大級の難しい門題に直面しようとしている。

3　街角スケッチ①

芸術倶楽部

うたかたの恋ならぬうたかたの夢

大正八年一月五日

「そうだ一月五日、といえば松井須磨子の命日ではないか。大正八年の今日があの日だった」と『随筆腰越帖』（昭和十二年）に記したのが、後に坪内逍遙の養女の娘婿になった飯塚友一郎氏だった。経緯はこうだ。島村抱月が建てた芸術座の演劇場（芸術倶楽部）に隣接した飯塚家から大学に通っていた彼が、その日の未明に須磨子が縊死《いし》をしたガターンという物音を聞いたのだった。

前年の十一月に風邪で抱月を失ってからの須磨子の愁嘆《しゅうたん》は人の見る目にも気の毒、さすがに傲慢不羈《ごうまんふき》で近隣の人々からも煙たがられていた彼女ではあったが、この時ばかりはこの「孤独の女王」に同情が集まっていた。普段は新劇には見向きもしなかったが、飯塚家でもその時は家人と年の改まった一月三日に、有楽座に出かけて『カルメン』を見たくらいだった。大入り満員で「煙よ煙、一切合切みな煙」とうそぶくカルメンの頬に、ほんとうの涙が光っているのが見えたという。少し寝坊をして九時頃起きると、隣近所が何となくざわめいており、その内須磨子が自殺したという知らせがどことなく、舞い込んできた。「物置で椅子卓子を踏台にして首を縊《くく》ったのだとさ」と家人に聞かされて、あのガターンという物音が須磨子の死とさとった。

もう一つの因縁が結びついた。遺言状を牛込余丁町に住む偉大なる恩師坪内逍遙に、その日の早朝に届けるよう、彼女は前夜おいにあたる青年に依頼していたのだ。逍遙は折悪しく熱海の別荘に滞在していて不在、それを受け取ったのが後に自分の妻になった逍遙の養女だった。おいの青年は何も知らず届けたようで、妻もその書を何の気なしに懐に挟んで、朝の用事をかたづけていると、一時間余も経った頃、新聞記者がどやどやと押しかけてきた。はじめてそれがたった今しがた自殺した人の遺言状と知って、妻はぞっとしたという。

彼、飯塚友一郎氏はその年の夏に大学を卒業し、その翌年に縁あって結婚したのがその妻であった。何の気なしに臨終の物音を耳にした男と、何の気なしに遺言状を手にした女が一緒になったのだから、不思議な因縁というしかない。

須磨子、ノラで演技開眼

明治四十二年五月、松井須磨子が文芸協会演劇研究所に入所した。その日から須磨子は何の下地もないままに近代演劇講義や沙翁《さおう》（シェクスピア）劇、性格研究、踊狂言など、盛り沢山のカリキュラムに挑戦した。

松井須磨子の書いた随筆『牡丹刷毛《ぼたんばけ》』にこんな箇所がある。

私が『人形の家』という脚本を知ったのは協会へ入ってから島村（抱月）先生の『近代劇』の講義を伺った最初の時でした。／一週間に二時間という断片的な時間に切れ切れに伺ったせいか、随分ノラの性格についてもいろいろ伺ったはずでしたが、その割に頭に残りませんでした。／それが翌年の一月号の早稲田文学に島村先生の訳が全部出ました時、初めてノラという役のいい役な事、むずかしそうな事、自分ももう一〇年も勉強したら、下手ながらも稽古して見る事が出来るかなどと思って見ました。

それが逍遥の私演場の舞台開き（明治四十四年九月）に、抱月の監督で『人形の家』が上場することになり、彼女がノラに抜擢されたのだ。最初のうちこそノラの生き方に批判的だった彼女も、稽古を重ねていくうちにノラの気持ちに同感していく。子の愛にひかされる上は自分を犠牲にしなければならず、自分を活かすためには子供の愛とても断然犠牲にしなければならなかったろうと思います、と先の随筆に心の変化を正直につづっていた。持ち前の勝ち気さで稽古量は誰にも負けないものだった。やがて須磨子はすこしずつ、女優になっていった。

ノラ役で彼女は当たりをとり、次の同じ抱月演出のズーダーマン『故郷』のマグダ役でも熱演し、めきめきと役者の腕をあげていった。まさに演技開眼だ。

舞台の成功とともに文芸協会御法度の抱月と須磨子の恋愛関係が表沙汰にされ、須磨子の除名、抱月の離脱につながっていった。妻子ある抱月はその頃『早稲田文学』誌上に「心と陰」と題した歌をいくつか発表している。

ある時は二十《はたち》の心ある時は四十の心われ狂おしく
ともすればかたくなりしわが心四十二にして微塵《みじん》となりしか
こしかたの三十年は長かりき砂漠を行きてオアシスを見ず

逍遙とたもとを分かった抱月は、大正二年九月、芸術座を発足させ翌年にトルストイの『復活』で近代劇運営を軌道に乗せることになる。その折須磨子の歌った「カチューシャの歌」が全国にひろまっていった。

夢と散った芸術倶楽部

かつて早稲田のエースとしてドイツ、ロンドンへ演劇留学をした抱月が、帰朝後やった試みがあった。演劇のみならず文学、宗教、音楽、教育、舞踊等広範囲なものを含めた講演会や試演会を開くことだった。そのために芸術館の建設、演劇学校の設置まで考えていた。いわば幅広く盛り込んだ社会的文化運動の構想だった。

抱月は芸術座の運営が軌道に乗るにしたがい、劇場建設に着手した。先に記述したように演劇、文学、音楽等の交流、発表の場を造り、それまでに日本にはなかった「芸術機関と文化センターを合わせた総合施設」をこの神楽坂に造る夢をはたすためにだ。

早速、大正三年晩秋、同年に上野で開催された「東京大正博覧会」の園芸館を下取りして、最初は横寺町三七番地の袖摺坂脇の崖の上（宝泉寺跡地）に着工したが、翌年二月の大風で倒壊。あらたに横寺町九、一〇番地の私立女芸専修学校跡地に土地をもとめ、四年八月に竣工させている。

洋風二階建て、舞台は四間×七間で最大三〇〇人を収容した。この芸術倶楽部の建物は芸術座の空きの時は、抱月の思いを具現化して非常に安価で貸し出され、他の劇団の公演やさまざまな集会に利用されたようだ。演劇、文学関係者はもとより、有名無名の人々の交流の場にもなっていた。第二回の芸術座音楽祭では、かの有名な竹久夢二作詞、多忠亮《おおのただすけ》の「宵待草《よいまちぐさ》」も披露されていた。

その芸術倶楽部も抱月、須磨子の死によって、わずか三年余でその機能を失ってしまった。抱月の理想とともに演劇場の姿も永遠に没してしまった。なぜなら須磨子の死後、ただちに彼女の親族により三階建ての小林アパートに姿を変え、関東震災後は貧乏画家や芸術家たちの巣窟になっていたが、太平洋戦争で焼失してしまったからだ。

「うたかたの恋ならぬうたかたの夢」といわずして、何というべきか。芸能の街、神楽坂にとってはまことに残念なことであった。

街角スケッチ②

長谷川時雨《はせがわしぐれ》

赤城下町通い婚

様子のいい二人

昔から善男善女が多い神楽坂周辺で、どの夫婦を坂の上に立たせたら絵になるかなぁといったことを考えていたら、こんな文章にぶっつかった。


於菟吉《おときち》と二人で、近くの神楽坂を散歩すると、人目を引く。

「きれいな二人づれだねぇ、夫婦だろうか」

「いや、年がちょっと……。恋人同士だろう」

「美男、美女ってとこだ。男の様子がいいね」

「女の方も美しい。姿全体に趣があるよ、何している人かな」

ささやき声が聞こえる。時雨の方は、雑誌や新聞で顔を見知った人が、「あっ」と息をのむのがわかるときがあった。でも、隣を歩く於菟吉が何者かわからないので、話しかけては来ない。

（森下真理『わたしの長谷川時雨』ドメス出版）

これは明治末期から、大正、昭和前期と名をはせた長谷川時雨女史と大正、昭和で大衆文学作家として大ブレークした三上於菟吉夫婦のことである。そういっても、今やこの二

かつての有名人、長谷川時雨と三上於菟吉

人の名は神楽坂では全然聞かれない。世間一般でも知る人ぞ知るくらいの存在である。

かつて世間にもてはやされた二人だけに、かえってさびしい。特に長谷川時雨は往時この人ありと常に話題の人だったのだから、肉親や評伝作家の声も交えてよみがえらせてみたいものだ。

神楽坂に住んだ時雨

長谷川時雨は明治十二年に東京日本橋で生まれた。当時源泉小学校という寺子屋式の学校に通った以外は独学で教養、文筆をみがいたようだ。一八歳で父親に懇請されて不幸な結婚をして、離婚の申し立てもままならず、親からも勘当されて釜石鉱山へ赴任する夫に同行。そこで二〇歳の頃ランプの下、火鉢のすみでそっと書いた一〇枚ほどの小説『うづみ火』が『女学世界』の増刊号の巻頭を飾った。

二八歳でやっと協議離婚が成立して自由になり、『花王丸』『さくら吹雪』『江島生島』などの作品を書いた。

歌右衛門、梅光、羽左右衛門、中車、新派は井伊、河合、喜多村、また若手では六代目菊五郎、吉右衛門らの手で何度も上演されるに至って、明治の終わりごろには押しもおされぬ一流劇作家になった。

このころには時雨の美貌もその天性の美しさを発揮して、その才とともに彼女の黄金時代が始まったが、加うるにそこに現れたのが、若き作家三上於菟吉で、彼女をあっさりモノにして一同をアッと言わせた、と語るのは彼女の一番下の妹の長谷川春子だ。そこらへんの事情はこうだ。

三上於菟吉は早稲田の学生時代に牛込白金町の素人下宿「都築」に住んで、その下宿生活を下地にして書いた自費出版『春光の下に』を、多くの作家に送ったのがはじまりだった。もちろん美貌の女流劇作家に一部献呈した。無名の彼の作品に感心した時雨が手紙を出した。


突然、田舎風の長羽織をゾロリと着てさ、まったくウス気味の悪い三上於菟吉が訪ねてきたのサ。それからその男が後年の原稿料にして一回数万円になるような、ルビともシラミともつかぬちいちゃいちゃな字で、便せんにびっしり書いた五、六枚ずつのラブレターを日文、夜文でよこすんだね。オシのつよさ、想像も及びもつかない心臓なんだ。

とは、妹春子の弁。

於菟吉の求愛激しき熱意に時雨はついに落ちた。それから二人の隠棲《いんせい》の家、赤城下町の家にせっせと彼女は出向くようになった。なにせ年齢は時雨三七歳、於菟吉二五歳だったから、彼女も世間体というか遠慮が先にたったのは当然であったろう。

いわば世にいう通い婚を経て正式に所帯をもったのは大正八年、彼女の満四〇歳の時だった。その後牛込矢来町の借家に転居、中町の家に転居と、三上が作家としてノシていくにつれ、大きい家を求めて移っている。期待にこたえて於菟吉は『悪魔の恋』や『敵討《かたきうち》日月双紙』を連載して次第にベテラン作家に育っていき、後年『雪之丞変化』（昭和十年林長二郎、昭和三十八年には長谷川一夫主演で二度映画化、ちなみに林と長谷川は同一人物）を書き、吉川英治、菊池寛につぐ大衆作家になっていった。一方時雨も夫の手助けをしながら『美人伝』『名婦伝』を書き、その名はいやがうえにも上がっていった。

この夫婦は神楽坂に大正五年から昭和元年くらいまで、約一〇年間過ごしたことになる。美貌の時雨、白皙《はくせき》の於菟吉と二人がつれだって歩くと、冒頭の文章のように神楽坂でもさぞや人目をひきつけたことだろう。

永遠に語り継がれる「女人芸術」

売れっ子になった於菟吉は記者や編集者や友達をつれてケタ違いの浪費と女遊びをやった。収入も並の作家をはるかに凌駕《りょうが》していたし、折からの円本ブームでさらに印税が莫大なものになった。そこで「ダイヤの指輪でも買ってあげようか」と於菟吉が言ったのにたいして、時雨は首をふり、「その二万円は女のための雑誌をつくる資金にして下さい」と頼んだ。

『女人芸術』誕生の有名なエピソードである。二万円といっても大学出の銀行員の初任給が七〇円の時代だ。現在なら単純計算でも七、八千万だ。於菟吉は月刊誌『女人芸術』の費用を廃刊まで四年間毎月引き受けて、「ダイヤの指輪よりもよっぽど高くついている」と苦笑したが、愛する恋女房のために貢ぎつづけ巷間《こうかん》のゴシップの種になった。

それはさておき『女人芸術』は最初、小山内《おさない》薫《かおる》の妹で当代代表的女流文学者岡田八千代と二人でやった第一次のものがあった。次に全女性のための女性による雑誌に思いをいたし昭和三年に創刊し、七年に廃刊した全四八冊が、世にいうところの『女人芸術』である。『女人芸術』からデビューした作家は、林芙美子を出世頭に太田洋子、大谷藤子、矢田津世子、はえ抜きではないが、この雑誌を発表舞台にして注目された円地文子、尾崎《おざき》翠《みどり》、中本たか子たちの新進作家もここに列挙しきれない数にのぼる。宇野千代、網野菊、村岡花子らの名も見える。プロレタリア新進作家・佐多稲子も、創刊翌年の「新人小説集」では目次の巻頭におかれていた。

『女人芸術』は昭和期の激動の時代をそのまま反映し、時雨を中心とした女性の群れが、各人のもつエネルギーを存分に発揮しながら徐々に左傾化していった。その結果、時雨の粉骨砕身の無理がたたり、彼女の病気と世界恐慌のあおりをうけて雑誌が売れなくなり資金難にみまわれて、ついにダウンした。

だがそれにも懲りずに彼女は健康が回復するや、多くの女性ファンの希望にあと押しされたかのように、全女性対象の「輝く会」を昭和八年に設立し、月一回のパンフ機関紙『輝ク』を発行した。だがこの機関紙は不幸でもあった。前々年の満州事変、その後の支那事変突入のあおりをうけた。

挙国一致、軍国主義を謳歌しなければならなくなったので、十二年十月号の『輝ク』（通算五五号）では「皇軍慰問号」を特集して国策に沿い、十四年には「輝く部隊」を設け、婦人の立場から国家奉仕――傷病兵や靖国の遺児への慰問、日満支その他の地域への慰問部隊の派遣、親善融和のための会員派遣、慰問袋の献納などにおおわらわになっていった。

時雨は中国海南島への将兵慰問から帰国後、疲労困憊《ひろうこんぱい》し昭和十六年八月に永眠した。六一歳。

さて時雨がなぜ現代に評価されていないかは、この国策容認にあることは否定できない。同じ国策追従でも戦後うまく立ち回った林芙美子の時雨への「あんなに伸びをして／勇ましくたいこを鳴らし笛を吹き／」という詩は、時雨の周辺にいた若い人たちを憤激させた。

それにしても時雨の、江戸っ子気質でスカッとした、自分の身をかまわず、女性の地位向上だけを願った一生は、壮絶きわまった。

そんな中で『女人芸術』の埋め草として書かれた随筆集『旧聞日本橋』は、江戸期後半から明治初期の市井人のつぶやきを書きとどめた傑作である。また一葉礼賛をめざした『近代美人伝』も評価はたかい。その中にある大正八年初頭に縊死《いし》した松井須磨子の章は、須磨子のわがままぶりを鋭くえぐり出していて痛快であるが、最後の一文「乏しい国の乏しい芸術の園に紅蓮《ぐれん》の炎がころがり去ったような印象をのこして――」は、深い愛情に満ちていた。

街角スケッチ③

島村洋二郎

夭折《ようせつ》の画家・神楽坂生まれ

リラダンに心酔して

かつて島村洋二郎の親友だった詩人・評論家の明大教授・宇佐見英治は自著『芸術家の眼』という書の中で彼のことについてこう記していた。

島村は、あの流竄《るざん》の王子、ヴィリェ・ド・リラダンの高志を胸に、万人が野犬のように飢えていた戦後の暗い時代を、よろよろと生きた。乞食のように。物貰いのように。だれでもリラダンの句を盗むことはできる。ピカソやゴッホの、意匠や色を盗むことができる。しかし誰が、リラダンのように〈最高の賛辞は無関心なり〉として、最後まで魂の曠野を真の実在と信じ、貧窮、飢餓、狂気、敗残をものともせず、生きることができるのか。賛辞や批判はやさしい。しかし真に己が星を生きるものにとっては無言の共

感と交歓以外すべて空しい。〈生活！そんなものは下男にまかせておくさ〉リラダンはそういった

そのリラダンの詩と生き方を実践したのが島村洋二郎だった。リラダンとは今から一八〇年前にフランスのブルターニュ地方の大貴族の家系に生まれ、放浪生活を続け五〇歳で朽ち果てた作家、詩人、劇作家である。日本では仏文学者・斉藤磯雄（作家柴田錬三郎の義兄）がリラダンの翻訳紹介に生涯をささげ、三嶋由起夫の初期作品に影響を与え、柴田の『眠狂四郎』に影響を与えたと言われている。

さて、島村は大正五年に新宿区中町（現、宮城道雄記念館）で生まれ、旧制高校中退後、画家の道を歩み、昭和十九年に従軍画家として中国に渡るも、結核を患い帰国。飯田市に居住後、横須賀で美術教師として働き、昭和二十八年七月個展最終日に喀血し、その数日後に享年三七歳で倒れたほぼ無名の夭折《ようせつ》の画家である。

新宿角筈の喫茶店の最後の個展の挨拶文に、「私の絵を見て下さった方々に」と題して次のような文言が記されていた。

――私の自画像、冬の星空を夢見ている。戦後のドロンコの土、人生に勝ち誇った人々に対するレジスタンスだ。絵画は今日の問題に苦悩している人々に見てもらい、(私の)訴えるものを見てとって欲しい

その「島村洋二郎」の名を私が知ったのは、平成三十年二月一〇日、新宿区若松地域センター管理運営委員会が文化シリーズ第一回として催した「夭折の画家・島村洋二郎」の会場に足を運んだ時だった。対談と映像で島村の人生を詳細に紹介していたが、冒頭のようにリラダンに傾倒した彼の人生は衝撃的なものだった。彼は沢山の詩文の一つでこう記した。

〈青い光〉
一つの不思議な香ひを放つ青い光。
無限に悲しく澄みきってゆく、冷たく激しくもえひろがってゆく青い光。

渾身の作「忘れられない女」
（屋根裏のマリア）

あ、わたしの総ての狂気が、その中に浮かべることによって、正しく浄められる一つの青い光。

島村は自画像にバックは青、そして眼も青で描いた。また多くの人物や猫の眼も青で描き続けた。孤独と病気と困窮の末、世の中が戦後の混乱期をいよいよ脱しようとしていた矢先、その生を燃え尽くして去っていった。

その数奇なる人生

昭和五十九年、友人だった宇佐見英治が『芸術家の眼』という芸術論集を中心に日本の数人の芸術家の紹介を兼ねた小論を載せた書籍を出版した。その表紙カバーに島村の絵『女の顔』（クレパス）を色刷りで掲げていた。

たまたま松戸の駅ビル内の本屋の店頭でそのカバーが洋二郎の姪（弟忠茂さんの長女）島村直子さんの目にとまった。彼女は伯父の絵ではないかと本を手にとり開いたという。以降、若くして死んだ伯父の絵を見たいという執念にとらわれ、絵の所在の探索に乗り出し、現在までに八〇点余りの作品を確認している。

島村は二〇世紀前半の多くの芸術家がそうしたようにブルジョワジーに反抗した人間であった。父親は判事をしており、中町三四番地でなに不自由なく育った。隣に引っ越してきた宮城道雄一家の子供たちとも交流をはかっていたことだろう。旧制都立四中（現戸山高校）を卒業し、旧制浦和高校（現埼玉大学）を中退した彼は高名な画家、里見勝藏のもとで絵を学んだ。以降、徹底して自己の幻想の世界を生きはじめた。周辺の親戚や友人、縁者も初めのうちはこのロマンティストに声援と援助を惜しまなかったが、万事生活においてだらしなく、勝手なことばかりする彼を見放していった。

昭和十六年に結婚し二人の子をもうけた後離婚。その後、美術教師の職を横須賀市で得て、そこでは教え子の、西洋人形にように目鼻立ちの整った清楚な少女と同棲した。彼は絵が売れなくなると、この少女の持ち物を二人で売りはらって生活の足しにしていた。

昭和二十四年には上京して荻窪駅前で喫茶店つき花屋を経営したが、うまくゆかず過度の労働と栄養失調で健康を損ね、高熱を発し病院に運ばれた。いつも美しく口紅をつけ、細い白魚のような指さきにマニュキアを施して病床につきそっていた細腰のあの女性が今も眼に見えるようだと宇佐見は書いている。

彼女は彼が入院していた十カ月、毎夜キャバレーに通い、彼の栄養を届け続けた。退院の日、彼女は出奔《しゅっぽん》した。以降、彼女は彼の前から永遠に姿を消している。作品『忘れられない女』（屋根裏のマリア／クレパス画）は、その彼女を偲ぶ思いがストレートに伝わってくる。

だが以降は朝から歩き回って米粒を口にしないような生活の連続だった。宇佐見によると「甘い売り絵も描いた。親戚、友人、そのまた友人、その弟というふうに絵を売りつけた」。死ぬ二年前には困窮の末に絵の道具も売り払って、持ち物は何にもなし。ただクレパスだけで渾身の力を込めて絵を描いた。横須賀の彼女との間にうまれた一人の息子がいたが、困窮極めた日々の生活の中では子供を育てられない。結核の父親の乳児感染を避けるためにも東京・中野区にあった聖オディーアホーム乳児院に預けたのも仕方ないことであった。

ここからは姪の直子さんの若松地域センターでの話。先に触れたがたまたま書店で目に留まった平積みの書籍のカバーの絵。不思議な偶然と絵の魅力に惹かれ、亡き伯父の姿を追いかけた結果、次のようなことが解っていった。一人息子は鉄さんといいテリーという名になって三歳の時アメリカの軍人夫婦の里子になり、カリフォルニア洲南西部の都市トーランスで何不自由なく育てられていた。ＮＨＫ「ファミリーヒストリー」の番組にも取りあげてもらい、そのいとこ鉄さんを執念の追跡で遂に見つけ出し、アメリカに渡り出会う。日本語もとっくに忘れていたが、絵が好きで小さい時から描いていたという。さらに不思議なことには母親もとっくの昔アメリカに渡っており、アメリカ人と結婚しており、親子対面をその地で果たすという奇跡的な出来事もかさなっている。家族一同が集まって撮った写真から、若かりし頃は清楚で美しい人だったろうと思わせる年輪をかさねた婦人であった。残念ながら平成三十年二月に亡くなっている。

この奇跡的かつドラマティックな出会いの詳細は、インターネットで吉田純子氏の「日米をめぐる家族の物語」で紹介されている。

青い眼差し

彼は生前に三回個展を開いた。最初が昭和二十年疎開先の信州飯田市、次に翌年横須賀市、最後は先にふれた昭和二十八年、新宿角筈の喫茶店「ヴェルテル」で。その個展の最終日の夜に喫茶店のトイレで大喀血、少し胸が悪いといいのこして表に出て貨物裏の広場でもう一度血を吐いた。結核という宿痾《しゅくあ》に悩まされ血まみれになりながら、駆けつけた姉たちの世話で滝野川の病院に入り、昭和二十八年七月二九日にその病院で命の灯は燃え尽きた。

島村は画壇の誰とも交際をしなかった。晩年いくらか親しくしたのは同宿のモルヒネ患者と、喫茶「ヴエルテル」まで個展をわざわざ見にきたニコヨンの男たちと、宇佐見をはじめ矢内原伊作などわずかな友人たちだった。

昭和三十年、島村洋二郎の遺作展が銀座のサトウ画廊で開かれた。それが生前ほとんど無名であった画家の絵が多少とも一般の注目を集めた最初であった。晩年に絵の具を売り払ってしまった彼の絵はほとんどクレパス画であった。「クレパスだって絵具だ。これで描けないわけはない。今に金が入れば油絵具は買いもどせる」と力のない声で憤然として言い放ったという。

その後、平成に入り五年に「クレパス画個展」が開かれ、二十三年にはＮＨＫの日曜美術館のアートシーンにも登場し、彼の再評価が始まったようだ。島村が描く青い眼差しは、苦悩の叫びや恨みでなく、また孤独の悲しみでもない。穏やかな祈りにも似た静かさでわれわれを見つめている。若き日にバッハやモーツアルトの静謐《せいひつ》な音楽に魅了され、ゆたかでこころあたたまる両親をはじめ姉弟に囲まれた家庭で育ったことが、その激しいクレパスのタッチの中にも優しさをただよわせる由縁であろう。

いつか神楽坂のギャラリーで大々的に彼の個展を開き、「島村洋二郎キャンペーン」をやってみたいものだ。そして「君は神楽坂出身の島村洋二郎を見たか」という囁き合う声を聞きたいものだ。

4 辛口神楽坂寸評

粋な「やる気なさ」

神楽坂は戦前、市ヶ谷に陸軍が駐屯したおかげで、繁盛した花柳界であった。戦後は軍隊がなくなり、六本木がドラッグなどで荒廃してゆくのとは対照的に、なかなかいい枯れ方をしているという印象がある。町の中央を高架道路が走り、そのせいで町が二分されている印象のある六本木と比べ、ここは高架道路のいっさいを江戸川橋にまとめてしまった。おかげで場所の連続性が確保され、親密な空間が残されることになった。

よくよく考えてみれば、神楽坂はすごく「地の利」に恵まれているのだ。

寛永十三年に江戸城総仕上げとして完成したこの牛込御門通り（現神楽坂通り）は、どこからか神楽の音が聞こえるハレの道になった。急坂のため明治初期から工事を重ねて現在の坂になったのだが、神楽河岸から水運に恵まれ物資が運びこまれ、同時に多方面からの情報が流れ込み、特に下町情緒といった文化も届けられた。それがために河岸周辺がにぎわい、周辺の出版、製本関係をはじめ種々の小規模事業所などが発展し、明治維新時の人口減のおりにも新政府の官僚や新しい階層の新知識人やサラリーマンなどが集まった。

それにつれ花柳界や商店が順調に発展し、また関東大震災直後は高台が幸いして被害のなかったこの地は、「山の手随一の繁華街」を謳歌した。今次の戦争では灰燼《かいじん》にきしたがいち早く花柳界が立ち上がり、昭和四十年前半をピークに時代の流れで縮小されても、その磨き込まれた石畳のある花柳界の路地をして「都市のラビリンス」、黒塀を曲がると「時も所もタイムスリップ」ともてはやされた。

昭和五十年半ば以降の全国的な「都市見直し」による都市整備の時はやり過ごしてしまい、「周回遅れ」と自嘲はしたものの、商店街も家族経営の店主がそろって日曜日に扉を降ろしていると、このガッガッしてないところが世知辛い世の中にあって、「いいね！」と騒がれる。

しかもフランス人からは坂が「パリのムフタール通りに似ている」と言われ、ドイツ、イタリアなどの欧州人からも「パリの街角がフラッシュバックしてきたかのようだ」とさわがれる。あげくの果ては、平成に入ってもこの地には「人を集める磁場がる」とまで指摘され、良いとこだらけのまちで、「粋なやる気なさ」がこの地を訪れる人々を癒やし続けているとも評されてきた。

だが、それらが本当なら、これってここは「地の利」だけで成り立っているということなのか？――東京という超大都市を形づくるさまざまな街に潜むゲニウス・ロキ（地霊・土地の持つ自然、歴史、文化的背景が生む固有の雰囲気）が素晴らしく良くて、そのたぐいまれな利得のお陰をこうむってまちが幸せに過ごしてきたというならば、現今のまちの最大の危機とされる大久保通りの三〇メートルの拡幅工事による、神楽坂のまちの「上と下」に分断されるという大問題は、住民の納得いく策や特段の手当てなしでもしのげるのか。また、人の出が多すぎて店舗をはじめ土地価格の高騰化を招き、その結果まち全体の風情が失われつつあるともいわれている。

住民の自覚と覚悟と策がためされる時が迫っている。持ち前のしなやかな心意気を存分に発揮して、江戸情緒の残るまちを是非温存させて欲しいものだ。

第三章

対談　三都のまちづくり人

1（京都篇）京・まち・ねっと代表　石本　幸良さん

「ここちよいまちづくり」をめざして

石本幸良さん

まちへの思いを共有する

寺田　京都で四〇年近く、まちづくりに携わってこられた石本さんですが、京都のまちづくりの特徴として、どんなことを感じておられますか。

石本　京都以外のまちづくりに触れて、改めて感じるのは、京都のまちの圧倒的な自治意識の高さです。もちろん歴史的にみると自治都市と言われた所は多々ありますが、明治以降も京都市民がその意識を持ち続けているのは、「番組小学校」の存在が大きいように思います。市内六四の番組小学校を、地域ごとに住民が資金を出し合ってつくりあげたわけですが、その単位である学区による自治が、今もなお綿々と息づいています。

他の都市のまちづくり現場でよく耳にする言葉で、京都ではめったに聞かない言葉があります。「それで、結局行政は何をしてくれるの？」というもので、これでなんとなくわかっていただけるのではないでしょうか（笑）。

寺田　数多くのまちづくり事例に取り組んでこられた石本さんですが、特に印象に残っているまちづくりについてご紹介下さい。

石本　昭和五十七年から平成十二年まで関わってきたのが、「伏見のまちづくりを考える研究会」です。私自身二〇代終盤からですので、まちづくりについての知識も経験も不足していましたが、研究会に参加、手探りで取り組み始めました。

　きっかけは酒蔵跡地のマンション建設反対運動だったのですが、町家を活用して「伏見まちづくり館」を拠点にまちづくり活動を展開していきました。そして、なにせ素人集団ですから、少しでも全国のまちづくり事例を学びたいと、全国町並み保存連盟に加入し、全国の同じような活動を展開する人たちと積極的に交流しました。

　この「伏見まちづくり館」は今で言う「まちの縁側」的な存在で、普段は近所の子どもたちのたまり場として、また全国のさらには海外から来るまちづくり仲間の宿泊所、交流場所にもなっていました。当時は「まちの縁側」など、言葉はおろか、実体もない時代ですので、まさに先駆的と言いますか、むしろ早過ぎて認知されづらい存在だったのかもしれません。

ただ、私自身としては、伏見での失敗や手ごたえ、そして地元メンバーに教えて頂いたまちづくりに対する考え方や姿勢が、次のステップに進むうえで、とても重要なベースになっていたと思います。

また、全国町並み保存連盟で培った人脈（大学の先生方や活動家の方たち）は、その後の私の活動の節目、節目で、大きな役割を果たすことになります。それぞれのまちづくりの局面において、先生方のお顔がすぐに浮かびますし、お願いすれば快く来て下さる関係をこの時築くことができました。

もう一つの事例は、平成七年から平成二十二年まで関わった「姉小路界隈を考える会」です。姉小路界隈は京都の中京区、いわゆる洛中に位置するまちで、多くの老舗が軒を連ね、有名書家による木彫看板がそこかしこに見受けられるという地域です。

ここでも、発端はマンション建設反対運動でした。京都では昭和五十年代後半からマンション問題による周辺とのトラブルが多発していて、反対運動を展開したも

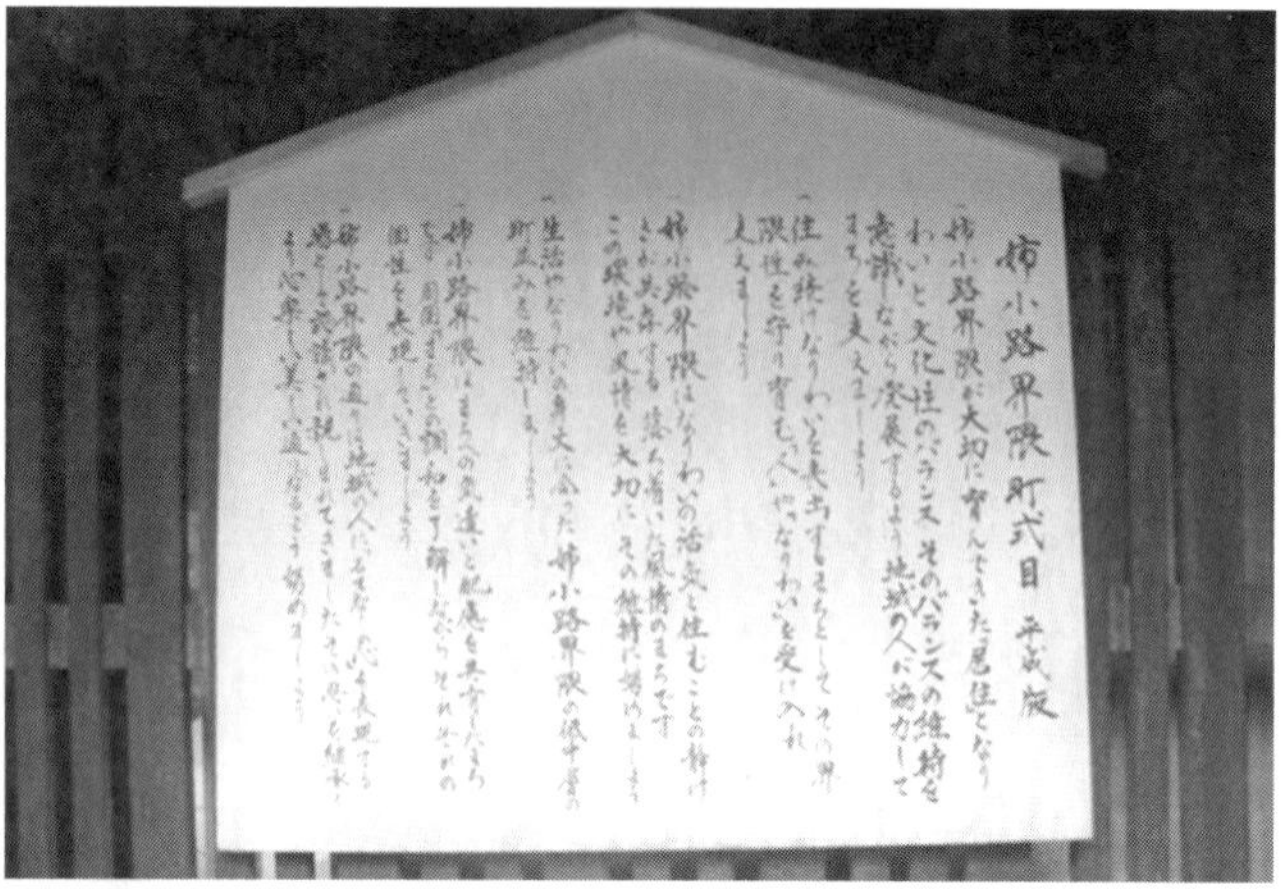

まちづくりビジョン「姉小路隈町式目平成版」

のの地元が割れてしまう事態も多く見受けられました。

そこでまず、建築協定等のルール化に対する意識調査をしようとしたところ、委員から抵抗感を示す意見も寄せられましたので、まずはこのまちの特色を皆で再認識し、まちへの思いを共有することから始めました。老舗やその看板、人間国宝、江戸時代からの町式目など、ネタには事欠かないまちですので、それらの学習会を何度も何度も繰り返しました。学習会がきっかけで始まった「灯りのイベント」は、市民の取組として京都で初めてでしたし、平成十二年には町式目の学習会を契機として、その後の建築協定締結のベースとなるまちづくりビジョン「姉小路界隈町式目平成版」を策定しました。

ようやく機運が高まって、建築協定締結にこぎつけたのが、平成十四年でした。平成十五年には、周辺の市民グループとの連携・協力、行政との協働を目指して「NPO法人都心界隈まちづくりネット」を設立します。NPOでは美しい都心界隈を目指した様々な提案をしてきましたし、平成十九年には京都市の新景観政策に対して、市民団体で初めての支持表明を行いました。この姉小路界隈での活動経験は、私にとって、一つの大きな転換点になったと思います。

誰もが気兼ねなく発言できる

もう一つの事例は、十四年から継続している「成逸《せいいつ》住民福祉協議会（上京区）」での活動支援です。成逸学区は上京区の北の端にある比較的小さな学区で、社会福祉協議会と自治連が一体となった珍しい組織です。ここでの活動は、立命館大学産業社会学部で石本ゼミを開講した折、成逸班を設置、学生の実践の場としての活動とともに、様々な自治会活動の支援を行ってきました。

平成十九年には「成逸学区まちづくり推進委員会」を設置、以降は学区のアドバイザーとして活動しています。委員会では最初にマンションの町内会未加入問題を取り上げ、新築マンションの事前協議の際に町内会加入と管理協定締結を、学区と約束する「せいいつ方式」を制定しました。

成逸学区では「私のまちに町内会があってよかったと思えるまち」をまちづくりの基本方針としていて、長年の町内会単位での様々な取組は、やがて防災まちづくり活動に繋がっていきます。

新潟中越沖地震をきっかけに、平成二十一年には住民の手づくりによって「成逸避難所運営マニュアル」を制定、その後に起こった震災の教訓を反映させつつ、随時、更新しています。さらに平成二十五年には、すべての町内の地蔵盆の調査を行い、記録集を作成したのですが、この調査の中で成逸学区の路地の多さと課題を再認識しました。それが平成二十八年の「成逸防災まちづくり計画」の策定へと繋がっています。

京都・誠逸学区防災マニュアル

こうした学区全体での住民主体の取組が可能になっているのは、住民福祉協議会の組織力と、各種団体と町内会とのフラットな関係性によるところが大きいと思っています。特に誰もが気兼ねなく発言できる関係性は、成逸の大きな特徴であり、その民主的な運営が、住民主体の取組にはとても重要な要素になっていると言えます。ちょっと自慢になりますが、こうした取組が評価され、平成二十九年度防災まちづくり大賞・消防庁長官賞を受賞しています。

まちはここちよいもの

寺田　まず伏見のまちづくりに関してですが、地元メンバーのまちづくりに対する考え方や姿勢がその後の活動のベースになっているとのこと。どういったものだったのでしょう。

石本　研究会の中心メンバーが、子育てを経験した四〇代の女性たちだったんです。そのせいか、まちづくりの視点が常に「伏見の暮らし」に向いていました。酒づくりとともに生きてきたまち、そこで住み継いできた人々、子育て、祭り、地蔵盆…、まさに彼女らはまちの再発見から始めました。市井の、当たり前の人たちによる、素朴で情感を込めたまちづくりです。

私はまちに住む人が、働く人が、訪れる人が、それぞれにここちよいと感じているなら、まちづくりなど必要ないと思っています。まちは時代によって変化するけれども、それがそれまで積み重ねてきたまちの歴史や文化や暮らしを損ねるような変化であった時、あるいはコミュニティの在り方そのものが揺らいできた時に、まちづくりは必要になります。今、私が防災まちづくりをお手伝いしているのは、そうした町内会を基本とした、まちのここちよい暮らしこそが、最大の防災だと信じているからです。

寺田　姉小路界隈でのまちづくりに関して、ご自身の一つの転機になったとおっしゃっていましたが、それはどういう転機だったのでしょう。

石本　活動のきっかけとなったマンション建設計画は、いったん白紙撤回され、事業者からは「長期にわたって地域に親しまれる施設建設を目指したい」との提案がありました。そこで地域住民、事業者、行政のパートナーシップによる「地域共生の土地利用検討会」が発足、検討会では地域に即した集合住宅について二年にわたり議論を重ね、まちづくりプランを作成、それに基づいて賃貸マンションが出来上がりました。

この検討会で実践したのが、権利調整型から価値共有型のまちづくりへの転換でした。これまでのマンション建築紛争では、住民と事業者との単純な対立と捉えて、利害の調整によって問題を解決しようとしてきました。でもそれでは解決が難しい上、地域に様々な後遺症を残してしまいます。紛争を通じて、地域住民同士の人間関係に様々な亀裂が生じてしまい、紛争が終わっても関係修復はとても難しいのです。

そこで検討会では、個々の敷地や建築を、まちという公共空間を構成する要素として捉えて、まちの価値を共有しながら解決していこうと考えたわけです。まちにはいろんな立場の人がいて、それぞれ思いが違います。その違いを認めつつも、皆がまちの価値を再確認し、まちの将来像を共有しながら、お互いが納得できる点を探っていく。その対話によって、共有したまちの将来像を実現していこうとするまちづくりです。

まちは変化するものです。時代と共に色んな波が押し寄せますが、その波に対して大きな防波堤をつくってまちを守ろうとするのか、柔軟に対応しながら波と共生する道を探るのか。まちの将来を長期的に考えた時、後者の方がベターなのではないかと私は考えています。

こうした立場や思いが違う人たちの間で対話をするにあたって、どういうキーワードで進めていけばいいものか、それまで私はずっと悩み続けていました。例えば景観問題なら、「美しい」という言葉も考えられますが、やっぱり人によって美しさの基準は違うんです。そんな時、ＮＰＯ法人の講演会でお話をいただいた宮本憲一先生（立命館大学教授をへて滋賀県立大学学長）から、関一元大阪市長の「都市計画の目的は我々が住居する都市を『住み心地よき都市』たらしめんとするに在る」との言葉をお聞きしました。これには膝を打つ思いでした。それ以降、私のまちづくりの基本言語は「ここちよいまちづくり」となったわけです。

まちのビジョンづくりから出発

この姉小路界隈の取組以降、私は多くの地区で地区計画策定のお手伝いをしてきました。こうしたまちのルールをつくるにあたって、私が地元の皆さんにご了解いただいていることがあります。

まず、必ず一年以上の時間をかけて、まちの皆さんによって共有されたまちの将来像をつくる。これがまちづくりビジョンです。これは言わばまちの憲法であり、地区計画や建築協定といったまちのルールは、必ずこのまちづくりビジョンに紐づけられます。全ての根幹となるまちづくりビジョンですから、簡単には変えられません し、ルールづくりはもちろんのこと、それ以降、何か問題が持ち上がる度に、立ち返る原点となります。ですからまちの人たちが自分たちのまちをきちんと再確認して、どんなまちにしたいのか、一人ひとりの思いを丁寧にくみ取りながら、進めていかねばなりません。そのためにはどうしても一年以上はかかってしまうのです。そしてその共有されたまちの将来像の実現に向けてのルールづくりで、また一年以上の時間を費やします。どんなに急いでもまちの将来像に合ったルールづくりには二年以上の時間がかかるということです。「早く規制を」とのはやる気持ちは当然ですが、思いを共有しないまま進めたルールづくりは、途中で頓挫《とんざ》してしまうなど、地域にしこりを残してしまうことが多いのです。

寺田　成逸学区の防災まちづくりについて、学区単位、町内会単位でのこうした取組は、まさしく京都的と言えるかもしれませんね。そのあたりをもう少し詳しくお話いただけますか。

石本　防災まちづくり計画の策定にあたって二六町内会ごとに現地調査と意向調査を行い、防災まちづくり課題マップを作成、さらに災害時の要配慮者支援台帳も作成しています。支援台帳の作成には、全町内会長の協力を得て、七三歳以上の高齢者の九割の回答があり、二五〇名あまり登録することができました。つまり町内会を基本とした防災まちづくりなんです。これは町内会の基盤がしっかりとしていること、町内会への信頼関係がないとできない取組です。高齢者の自宅をマッピングするにあたって、誰も個人情報云々を口にしません。町内のどこにお年寄りが住んでいるのか、まちの皆が了解をしていて、常に声掛けがありさりげない近所づきあいがある。そしていざという時には、一緒に逃げる体制がある。そういうしっかりとしたコミュニティがあれば、家をコンクリートで固めなくてもいいし、大仰な都市基盤も必要ないと思っています。京都らしい繊細な木造家屋を残しながら、まちの人を守ることは可能ではないかと。それが京都的な防災まちづくりであり、だからこその「ここちよい」まちづくりなのだと思っています。

寺田　石本さんにとって、まちとは本来どんなものだと思われますか？

石本　難しい質問ですね（笑）。

うちの奥さんが以前、面白い事を言っていましてね。彼女、その時落ち込んでいたそうなんです。誰でもそうですが、そういう時は悪い方へ悪い方へと物事を考えてしまうもので…。そんな時、ゴミ出しに出たら、近所の人に出会って、たわいのない世間話をしたそうです。そしたら彼女、「私、考えすぎかも」と、ふっと我に返ったそうです。「悩みを打ち明けたわけでもなんでもない、どうってことのない話だったけど、平衡感覚を取り戻した！」って（笑）。「これって、まちに住むってことだよね」という彼女の言葉に、なんとなく納得したわけです。そんな些細な日常が、そのまちをつくっているのではないかと。

「いろんな人がいて、いろんな暮らしがある。それでも顔を見れば挨拶をし、時には世間話もしながら、日常を分かち合っているトコロ」と、うちの奥さんなら言うかもしれません。

私の答えは…、宿題にさせてください（笑）。

変化を察知し柔軟に対応

寺田　まちづくりプランナーを目指す人に、何かアドバイスはありますか？

石本　私はまちづくりプランナーには、ある種の瞬間芸が必要だと思っています。まちづくりの現場では、その時々のまちの皆さんの表情を読みながら、押したり引いたりしつつ、方向性を探っていくわけですが、この押したり引いたりの具合や、その場の舵取りの瞬時の判断は、どうしても多くの現場に触れることが必要不可欠です。その場にいて聞いているだけでもいい、その時の自分の力量に応じて、まちづくり現場を自分の学習の場にすることが大切です。

そうして経験を積むことによって、ノウハウのポケットが増えていきます。だいたい五年ごとの階段だと思ってください。五年ごとにその時々の自分の能力を確認して、次のステップに向けて取り組んでください。毎日の延長ではなく、節目を設けて自分を再確認することはとても大切です。

何度も言いますが、まちは絶えず変化するものです。その時、課題が解決できても、一〇年後にはまちの状況も課題も変化していますから、今の解決策が有効かどうかはわかりません。だからこそ、まちづくり活動は長期的な取組であることが求められるのです。まちの変化への、特に時代の変化への柔軟性が、まちが持続していくためには、とても重要なのではないかと考えています。

寺田　貴重なお話をありがとうございました。これからもどうかご活躍下さい。

2 （金沢編）佃食品株式会社代表取締役会長　佃　一成さん

まちもまちづくりも「進化・新化・深化」の三つで

佃　一成さん

まちの資源を守り磨く

寺田　佃さんがまちづくりに関わろうと思われたきっかけはなんでしょうか。

佃　昭和六十年頃のことですが、金沢の街がぐっと近代化しましてね。香林坊《こうりんぼう》に１０９（渋谷にあるギャルファッションの商業施設の１０９を小型にしたもの）ができたり、金沢駅前にホテルが建ったりと、どんどん賑やかになっていくのに対して、かつて賑わいの中心であった、この尾張町の辺りは取り残されたように寂しくなっていきました。今では考えられないことですが、当時、この辺りには売り家がたくさんあって、なかなか買い手がつかない状態でしてね。壊された町家や店舗は、駐車場になったり、マンションまで建ち始めたりするようになっていました。

当然、そんな現状に対して、危機感はありました。若い人たちからはスーパーや百貨店などを誘致して繁華街にしようという声も挙がったのですが、それは違うだろうと。日本全国どこにでもある今風の繁華街をここに持ってきたところで、勝てるわけでもないし、このまちの特色も失われてしまいます。そういう方向ではなくて、今あるまちの資源を守りながら、それを深化させるまちづくりこそ、ここにはふさわしいのではないかと僕は考えていました。

そんな時に、金沢青年会議所（以下ＪＣ）時代の盟友である東山の中村驍さんが尼崎にできた商業施設「つかしん」を見に行ってきたわけです。

「グンゼの工場跡地に、人工的な山や川をつくって、たくさんの店を入れて、ひとつの街になっている。そのミニ都市に人がいっぱい集まっている。わざわざつくらなくても、ここにはもっといいものが全部あるじゃないか！磨けばいいだけだ！」と彼は説くわけです。確かに彼の言う通りで、ここには卯辰山や浅野川の自然があり、伝統的な町並も残っている。町には老舗が軒を連ね、職人が住まい、昔からの生業や暮らしがにじむ通りがある。「これをもっと磨けばいい」という彼の論は、まさに我が意を得たりでした。

そこで同じくＪＣ時代の盟友である、尾張町の蚊谷八郎さん、東山の米澤修一さんにも声を掛け、さっそく四人で動き始めました。僕らは、まちの風情を残し、活かす方向に、大きく舵を切ったわけです。

誰でも参加できる「界隈《かいわい》」を重視

寺田　どういう経緯でまちづくりの仕掛けが繋がっていったのですか?

佃　まず、昭和六十年に有志が集まって、まちづくりフォーラムを開きました。その翌年に私が会長となり、尾張町の蚊谷さんにも中心メンバーになってもらって、「老舗・文学・ロマンの町を考える会」を立ち上げました。これを母体として浅の川界隈活動を展開することになります。あえて「界隈」としたのは、浅野川周辺は何町内にもまたがるので、どこかの町内に限定することなく、浅野川周辺の志を同じくする人たちなら、誰でも参加してもらえるよう考えたわけです。会では界隈フォーラムを開催、その席で浅野川を舞台にした春を呼ぶイベントの提案がなされました。これが「浅の川園遊会」の始まりです。実行委員会では、あくまでも本物にこだわること、そして行政や企業に寄り掛かるのではなく、市民ボランティアによる手作り運営を確認、翌六十二年四月一二日に第一回「金沢・浅の川園遊会」を開催

浅野川の園遊会で力を合わせた
左から米澤修一さん、佃一成さん、中村驍さん、蚊谷八郎さん

しました。

一方でこの頃、東山の中村さんと米澤さんが「金澤東山まちづくり協議会」を立ち上げ、以降、この二つの会が金沢のまちづくり活動の両輪として機能していくことになります。エリアに分けて二つの会を立ち上げたわけですが、僕ら四人は、両方の会の会員であり、園遊会は二つの会の共催です。まあ言わば四頭立ての馬車のような感じと言えば、わかっていただけるでしょうか（笑）。

寺田　平成二十三年の第二五回まで続いた浅の川園遊会ですが、行政に頼らず、ボランティアで、しかも本物を提供となると大変だったと思いますが。

佃　どうせなら桜が満開の頃、川の真ん中でやろうとなりましてね。浮舞台をしつらえて、芸妓衆のおどりやお座敷太鼓、仕舞・地謡といった金沢の伝統芸能に、メインは何と言っても「滝の白糸」水芸です。それに界隈の一流料亭が趣向を凝らした花見弁当を始めとして、金沢の食文化を堪能できる屋台も並びます。平成十九年からは川岸にせり出した「白糸川床」も始めました。実はこれらの費用に三〇〇〇万円前後かかりましてね。その寄付金集めに企業を回って捻出するわけです。ところがリーマンショックでそれが難しくなって川床のみの開催に切り替えたわけです。

「老舗・文学・ロマンの町を考える会」でトラストの旗を

寺田　トラスト運動もされていますよね。

佃　園遊会を始めたちょうどその頃です。浅野川大橋の左側に一五階建てのマンションの建設計画が持ち上がりましてね。そんなことになると卯辰山の眺めが台無しになってしまいます。これではいかんと、「老舗・文学・ロマンの町を考える会」で、界隈トラストの旗を掲げたんです。金沢の駅前や百貨店の前で、芸妓さんを連れてね。とにかく「一口一〇〇〇円で土地を買うんや」と。どんどん寄付が集まってきて、そうすると新聞社も乗って来たし、行政もその気になって来た。設計して地鎮祭まで始めていたんですがね（笑）。結局、計画は白紙撤回、金沢市が買い取って、今は市の公園になっています。日本では三番目くらいのトラスト運動だと思います。

浅野川沿いの桜の植樹にも取り組みました。あの桜、第一次世界大戦に勝利した時に植えたものなんですが、ソメイヨシノは七〜八〇年も経つと、寿命が来て枯れてしまうんですね。そこで枯れた桜から順に、若い苗木を植えて回りました。

それからね、園遊会で平成十七年から「おわら流し」を始めました。「おわら流し」は今、越中八尾《えっちゅうやつお》（富山県）で「おわら風《かぜ》の盆《ぼん》」とか言って有名でしょ？ あれはね、もともと昭和初期に、八尾から来ていた旧制第四高等学校（金沢大学の前身）の学生が、ひがしの茶屋で、「八尾には唄はあるけど、踊りがない」と言っていたのを聞いた若柳流の家元が、ひがしの茶屋の芸妓を連れて、八尾に教えに行ったのが始まりなんです。やがて地元で踊られるようになって有名になったわけです。それが縁で、八尾の人たちもひがしの茶屋で踊りたいという話になって、こちらでは春に園遊会で踊ってもらうようになったんです。今では川床と並んで、園遊会の二大イベントです。

一方で、「老舗・文学・ロマンの会」では発足してすぐの昭和六十二年から「界隈景観賞」というのを始めましてね。自分たちで素晴らしいと感じる家並みを讃えようという賞で、毎年選定・表彰しています。今では一〇〇軒を優に超え、回を重ねる度に界隈景観が良くなっていくのを実感しています。まちの皆さんの意識を変える意味でも、これは大きかったなと思います。

それから「鏡花の夕べ」も会の発足当初から続けているイベントです。この浅野川界隈に生まれ育った泉鏡花の魅力を、文学や芸能関係者と共に探るというものので、この時ばかりは、新花《しんばな》も含めて、界隈の芸妓さん全部総揚げして盛り上げています。

街の繁栄なくして個人の繁栄なし

寺田　イベントなどで今まで一番印象に残っていることはなんでしょう。

佃　やはり園遊会の水芸ですね。アメリカ人の留学生から、英語に翻訳するというので、「水芸って、どんなんですか？　一回見せてくださいよ」と言われましてね。そんなに簡単にできんわね（笑）。こちらも灯台下暗しで、泉鏡花の『義血侠血』は

浅野川園遊会の松旭齋正恵さんによる水芸（平成18年）

女水芸人・瀧の白糸が主人公で、しかも舞台は浅野川にかかる梅ノ橋なのに、僕らにその発想はなかった。

そこですぐに実行委員会で調べてみると、初代の家元が松旭斎天勝《しょうきょくさいてんかつ》で、天勝から三代目の松旭斎正恵さんが東京にいらっしゃるというので、僕たち四人で何とか教えていただけないものかとお願いにあがりました。でも手品の種明かしはできないと（笑）。三顧の礼じゃないですけど、三回目に金沢一の名妓、美ち奴さんに演じてもらうからとお願いしたところ、美ち奴さんならということで、了解をもらうことができたわけです。

屋外での水芸は他にどこにもありません。水芸の装置や社中の黒子さんも来ていただかねばならず、三〇〇万円もの費用がかかるんですが、それ

夏に開催されている「白糸川床」（平成30年）

はもう息を呑む夢舞台ですよ。直木賞作家の村松友視《むらまつともみ》さんは、浅の川園遊会をテーマにした小説を何回か書いておられて、僕ら四人も実名で登場していますす（笑）。

それと私が尊敬している人で公害研究をライフワークにしている日本環境経済学の第一人者で宮本憲一先生という人がおられます。その先生に金沢大学時代に「都市や街の環境が良くなければ。個人の繁栄とか幸せはない」、つまり「街の繁栄なくして個人の繁栄なし」というお話をうかがい、深く印象に残っています。まあ、それが私のまちづくりの核になっているともいえますね。

まちづくりって、一人では絶対にできないんです。少なくとも四～五人の熱心なけん引役がいて、それに三〇人くらいの賛同者と言うか、実行部隊がいないとできない。だから仲間は本当に大事です。先ほどふれた四人とも会社の経営者で、ＪＣ卒業後にまちづくり活動を始めたから、もう三五年になります。これだけ長い間やっていると、ずいぶん喧嘩もしましたよ。商売は順風満帆の時ばかりではないし、浅野川水害も起きて、園遊会の舞台もあわやという時もありました。「もうやめようや」という声は何回も挙がりましたけど、止めたら終わり。僕、清元を習い出してか三七年ですし、謡もずっとやっていて、ちょっとやそっとでは止めません。苦しい時こそ、頑張ろうという気概も起きるし、それがプラスになることもある。継続は力なりですよ。

大事なことは良いものを深掘りする

寺田　これからの課題といいますか、テーマはなんですか。

佃　僕はいつも「まちづくりにはゴールがない」といっているんです。だからこそ後継者が重要なんですが、これがなかなか難しい。僕らの大きな大きな課題です。

寺田　佃さんにとってまちって、本来どんなものだと考えておられますか。

佃　僕が考えるまちは、住んでいる人が誇りに思い、自信をもって、良さをつくりあげていくものだと思っています。だから町並を修景して、映画のセットのようになって、観光客はたくさん来るけれど、まちなかには誰も住んでないなんて、本当のまちではないと思うんです。

僕は、人の在り方、なりわいの在り方が、まちをつくるのではないかと思っています。その気風や文化が、都市の性格になると言いますか…。「都市格」という言葉がありますよね。僕らがとことん「本物」にこだわり、文化を云々するのは、それが唯一無二の「金沢」というまちをつくるからです。逆もまた然りで、まちがそのアイデンティティをなくしてしまうと、人もなりわいも特性を削がれてしまいます。これは特に店（会社）にとっては、死活問題です。僕らは、そういう金沢の心を、文化を、まちの在り方を、商品に込めて作っているわけですから。

でも、この金沢のまちも、日本の他都市の例にもれず、都心部から郊外へと人口が流出しています。これは由々しき問題で、金沢というまちのアイデンティティを左右してしまいます。ですからこれも大きな課題で、住民の皆さんにまちなかに住むことに誇りを持って頂けるよう、もっとこのまちの良さを発信していかなければいけないと思っています。

寺田　後に続く人たちへのアドバイスがあればお願いします。

佃　地域や界隈の良さをアピールすることと、もっといろんな人たちとコミュニケーションできるような戦略が必要だと思います。界隈にはまだ見えてない良さがあるんです。例えば二〇二〇年の東京オリンピック・パラリンピックの開閉式を演出する総合統括に狂言師・野村萬斎さんが決定しましたが、彼のルーツである初代野村万蔵の生家が新町にあったなんて話もあまり知られてないですし、それを一般の人たちにどう発信していくかですよね。

僕は「進化・新化・深化」の三つがないと、まちも会社もダメなんじゃないかと思っているんです。進化は時代の変化に対応すること、新化はクリエイティブなことをするということ、深化は深く追求するということです。進めることも、新しいことも大事だけど、全部変えてしまってはダメです。今までの大事なもの、良いものを深掘りすることは、とても、とても大切なんです。数字の大きな産業ばかりが、まちの顔ではありません。マイナーなものであろうと、深掘りしたなりわいや文化、歴史こそが、我々のDNAであり、それが進化や新化の孵化装置になるのです。むしろ我々が進化や新化を志向する時、深掘りしたなりわいや文化や歴史を源泉として、将来を見据えたものでなければならない。僕は常にそうありたいと思っています。

「金を遺《のこ》すは下、物を遺すは中、人（心）を遺すは上」。これはある人に教えていただいた言葉ですが、僕もなんとか人を、まちづくりの心を遺したいものだなと思っています。

寺田　貴重なお話を本当にありがとうございました。

3（神楽坂篇）ＮＰＯ法人
粋《いき》なまちづくり倶楽部理事長　山下　馨《かおる》さん
まちとともに歩む人づくり

山下　馨さん

平成十五年　ＮＰＯ法人粋なまちづくり倶楽部誕生

寺田　どのような思いからＮＰＯ組織を立ち上げられたのですか？

山下　神楽坂では、平成三年から旧来の商店会、町会によるまちづくりから、外部サポーターも参加できる新しいまちづくりへと体制を変えてきました。これが神楽坂地区まちづくりの会による地元活動の始まりです。私自身は、平成九年頃から、同会のメンバーであった兄を通じて、補助金事業やマンション問題などでまちづくりに関する建築家としてのアドバイスを求められたことをきっかけに、同会に入会し、活動をともにすることになりました。

まちづくりの会は、勉強会や見学会、まちあるき活動、まちづくり憲章制定、まちづくりキーワード集編纂《へんさん》、まち飛びフェスタやタウン誌の応援、街並み環境整備事業など、実践的な成果を積み重ね、一定の役割を果たしてきましたが、街並み環境整備事業の完了以後は、活動が沈静化してきたように思います。そして神楽坂二丁目、五丁目のマンション問題、理科大の超高層校舎問題を抱える頃から、一般市民中心のボランティア組織では手に負えない、難しい状況に入り込んできました。

特に、五丁目超高層マンションでは、地元で賛否が割れ、まちづくりの会以外の活動団体が組織され、裁判も起こるなどなどまちの様相に変化が生まれることとなりました。いわば、まちにある種の混乱が生まれ始めた時期といえるでしょう。こうして神楽坂のまちづくりに転機を求める声が生まれてくるようになってきました。

さて、神楽坂の立場とは別に、私が仲間と組織した都市建築専門家集団、インターフェイス21では、日本中を混乱させた二〇世紀の都市開発について反省し、二一世紀のための手だてを模索する為の専門家による勉強会を四年間にわたり定期的に開催していました。集まった専門家たちは、まちづくりの名前の元で実施されてきた、二〇世紀型都市開発が、結局は、日本のまちを壊していくだけしかしなかったのではないかという、漠然とした危惧を抱いていました。

期を同じくして、神楽坂のまちづくり活動も第二ステップを模索していた時期でしたので、まちづくりの会有志メンバーとインターフェイス21メンバーとの合同会議が実現します。この会議では双方が手応えを感じることとなり、まちの要請を受け、神楽坂のまちづくりを外部専門家がサポートする組織の立ち上げに向かう動きが起こります。これがその後のNPO設立の契機になるのでした。

約三年間の慎重な準備期間を経て、平成十五年五月にNPO法人粋なまちづくりが成立します。このNPOは今では三五〇名の登録ボランティアを含め約四〇〇名ほどの関係者からなる大きな組織となり、多角的な活動を展開しています。

まちの変化をおそれず「神楽坂らしさ」の保全を

寺田　日頃言われているまちの動態《どうたい》的保全についてお話ください。

山下　神楽坂でのNPOのミッションは、神楽坂を持続的、包括的にサポートしながら、地元の方々と一緒に神楽坂のあるべき将来像を描き、その未来に向けて必要かつ十分な協力を実践していくことにあります。

神楽坂の将来像について、ある人たちは神楽坂を凍結保存し、これ以上、新しい変化がまちを歪めないようしてほしいと言います。しかし、神楽坂の歴史を調べてみると、このまちはどの時代においても、変化し続けてきたことが分かります。商業のまち神楽坂は、時代の要請を受けて変化を前提としてきたまちなのです。

これは、ある意味当たり前のことです。まちはその時代時代、折々に関係している人の思いや考え方により変化するのは必然です。歴史の古いまちでもそうでなくても、まちの変化は止められないのです。

しかし、だからといって如何なる変化にも身を預けていいかと言えばそれは嘘でしょう。変化にも良い変化と悪い変化があります。私たちまちづくりに関わるものたちは、変化の原因を見極めその是非を問い、進むべき変化の方向を見定める必要があります。

神楽坂の専門家サポーターとしてNPOもこの課題に正面切って取り組む必要がありました。「神楽坂らしさ」を失うことなく、変化を受け入れる。「変化しながら変わらないまちづくり」――NPOはどうこの問いに答えていくのか。

ヒントは、NPOの副理事長であった東大・窪田亜矢教授の著作『界隈が活きるニューヨークのまちづくり～歴史・生活環境の動態的保全～』（学芸出版社平成十四年）にありました。あの活発に変化する大都市ニューヨークにも昔ながらの界隈があり、変化を受け入れつつも歴史的環境を維持している。この事実と、それを可能としているメカニズムこそ、東京の中心にある商業の界隈「神楽坂」が参考にすべきコンセプトの大きなヒントに違いないと考えました。

こうして、神楽坂は変化をおそれず、しかも、神楽坂らしさを保全するという命題に挑む論拠を得たのです。現在、私たちは、動態的保全の観点から、変化の質や是非に関し次のように考えています。

まちを歪める変化を引き起こすものには金権、単なる投資、大上段の都市事業などがあります。これらは、まちで暮らす住民たちの安定的生活権、記憶、歴史、地域資源、コミュニティなどに敬意や配慮を払わない、外部的・利己的要因によるものであることが多いのです。そして、これらの圧力は、魅力あるまちに集中して起こるものであり、皮肉なことに、まちの魅力を壊すことで実現されていくものです。

正しい変化とはまちの正しい継承意識に基づいています。正しい継承の為には、まちを徹底的に研究し、その価値を見つけ出し、まちの地政学的・歴史的文脈と多くのエピソードからなるストーリーに基づき、未来を描きあげるという手続きを必要とするのです。同時に、一部の権利者や権限者によるのではなく、まちを守護する多くの価値観、多くの知見の元で具体的な試行錯誤を繰り返しながら穏やかに進んでいくものなのです。

二一世紀の都市に欠かせない路地の意義を追求

寺田　神楽坂の路地保全の必要性をお話ください。

山下　神楽坂の空間シンボルであり、魅力を語る際の重要なキーワードである「路地」

神楽坂しつらえの路地

は、外国人も含め、神楽坂人気を支える大きなエレメントです。

まちづくりの会が着目し、ＮＰＯが二一世紀都市計画のヒントがあるはずであると取り上げてきた路地は、日本の都市空間の造り方を根本的に見直すためのヒントを多く有しているのです。

開発行政には忌み嫌われてきた路地ですが、バブル経済の終焉後、路地が担っている意味や価値を問い直す動きは、拡大を続けています。神楽坂のまちづくりもその一翼を担ってきました。二〇世紀都市計画にとって「悪」であり、抹殺すべきであった「路地」は、二一世紀的視点からは、全くとらえ方が異なります。

路地を考えることは、経済効率や機能主義などの二〇世紀型社会を見直すことに繋がります。路地は文化、人間関係などの柔らかな価値社会に属するもので、だからこそ二〇世紀末の合理主義的価値社会から疎まれてきました。路地はただ狭く、木造家屋が密集し、防災上危険だからという理由のみで排除されてきたのです。そこには、豊かなコミュニティ、地域文化、歴史などの、多くの価値の蓄積があるにも拘わらずです。

しかし、路地を壊した後には、閉鎖的で孤独なビル群が街を覆いつくし、人通りもまれで、生活の息づきも感じられない、まるで廃墟のような静けさのまちが出現するだけです。

路地は語るべきストーリーに満ちています。神楽坂の路地はまちのたくさんのアクティビティの成果であり、花柳界の心を表しています。そこには心をそそられるストーリーが見え隠れし、だからこそ神楽坂の路地は、訪れる人の心を動かし感動を与えるのです。特にこの地の路地は、しつらえの路地です。住宅地の路地とは性格が異なります。

空間はまちやコミュニティに力を与えます。魅力を醸し出す空間は、「場」を形成し、場所の力を生み出します。特に密度の高い空間である路地はその典型例です。対照的に、まちとの関係よりも、物流に役割をもつ都市計画道路にはそれはありません。車ばかりが行き交う高規格道路には、語るべき言葉はほとんどありません。機能や効率には人の心を動かすようなストーリーなど無いからです。

ただし、気をつけるべきは路地はハードの産物ではなく、ソフトの産物である点です。どんなにしつらえを神楽坂にまねても、ソフトが一体化されなければ、神楽坂の魅力的な路地を再現することは出来ないでしょう。路地は誠に奥深いものなのです。

まちづくりは全方位・包括的な活動の積み重ね

寺田　今まで尽力されてきたまちづくりの内容を紹介してください。

山下　ＮＰＯ粋なまちづくり倶楽部の活動は、持続性、包括性を行動原理とし、経済イノベーション、文化・地域資源の保全と活用、社会観光資本の拡充、都市環境の改善など、街に関わるすべての課題への寄与を念頭にプログラムを企画開発し、かつ実践することで成り立っています。

　活動はまちに関することは何でも手がけるのが「粋まち」流です。まちづくりは有機的、東洋医学的な取り組みが有効で、無機的、西洋医学的なアプローチは効果が長続きしません。さらに、曼荼羅《まんだら》的、全包囲網的に活動を展開していくことが重要です。そして、それらすべての活動メニューには、背景となる理念や論拠、戦略があります。特に、誰でも共感しやすい優しい活動からまちにアプローチするよう心がけています。

　その一方で、ＮＰＯは、地理地形、歴史、文化、産業など、まちの基礎的情報を正しく内外に周知し、あるべきまちの未来像を専門家の視点から提案していく必要があります。まちで行われなくなってしまった文化イベントについては、担い手が出来るまでは、ＮＰＯが肩代わりするといったことも重要です。もちろん、マンション問題や都市計画道路、地区計画策定など専門家の関与が必須の案件には、基本的な役割として専門家メンバーがまちを技術的に応援します。

まちに係わる活動は多岐にわたります。当たり前なことですが、これを活動に結びつけようとすると、結果はあれもこれもに手をつけざるを得なくなります。多くのコンサルやＮＰＯはこれを避け、一点突破、選択と集中などを合い言葉に、環境、まち並み、福祉など、目的を限定しミッションをたてますが、粋なまちづくり倶楽部は違います。まちの問題は大小様々な形で姿を現しますが、その背景にある原因は深く、広く、他の問題と絡み合っているものだからです。たとえば、「ある高齢者が住む家の二階に野良猫が入り込んで困っている状況がいつまでも改善されない」というトラブルは、単身独居世帯の増大、高齢者生活の質の低下、近隣コミュニティの互助力の低下、住宅の管理力の低下と火災や盗難などのリスクの増大などと繋がっているというわけです。

浴衣でコンシェルジュ（平成16年）

ＮＰＯが手がけてきた活動を列記すると次のようになります。

①まちづくり住まいづくり塾（よもやま話、歴史話、伝統芸能話、匠話など）②建築塾　③粋まち自主ゼミナール　④まちあるきガイド　⑤浴衣でコンシェルジュ、着物でコンシェルジュ　⑥マップ作り　⑦地区計画策定支援　⑧まちづくりキーワード集づくり　⑨伝統芸能ワークショップ　⑩花柳界入門講座とお座敷体験　⑪メインストリートプログラム研修　⑫神楽坂検定　⑬連続路地シンポジウム　⑭国登録有形文化財登録活動　⑮演劇ワークショップ　⑯粋なワイン講座　⑰大久保通り拡幅を考えるシンポジウム　⑱ＮＰＯネットワークづくりへの参加　⑲神楽坂まち舞台大江

戸巡りの共同主催　⑳ユネスコ未来遺産運動　㉑「神楽坂まちの遺伝子」出版　㉒黒塀プロジェクト　㉓神楽坂大学　㉔神楽坂クエスト　㉕ブラカグラ　㉖粋な住まいと暮らしの相談事業など。

寺田　神楽坂の「粋《いき》」の文化について思うところをお話ください。

山下　まちの方向性は、まちの住民や事業者と来街者の意識や志向、価値観できまります。神楽坂は、「粋」に価値を感じる人たちで支えられていて、それが神楽坂の暮らし方を決めていくことが理想ですが、神楽坂の粋が、神楽坂に本当にあるかと言えば、よく分からないというのが本心です。結構、野暮な行為も多いし、変な商売も見受けられますから。

しかし、まちに精神的共通点があることは、幸せなことです。特にそれが「粋」であれば、神楽坂は景観もまちの姿も人も美しくすがすがしくなるでしょう。

まちの未来も人の心の未来で決まります。粋なまちを目指す神楽坂「粋な人たち」を集め続ける必要があります。一方で、神楽坂が求める「粋なひと」は神楽坂でお手本を示す必要もあります。この為には、まちそのものが粋を具現化し、粋なコンテンツを提供していかねばならないでしょう。そうすれば、移ろいやすい人の心も、ある種、安定した「枠」を持続できるかもしれません。

息の長い農業の発想で

寺田　まちづくり活動でもっとも大事と思うことは？

山下　第一に、生きたまちを支えるのはまちの人のこころとアクティビティだということです。まちづくりの目的は、まちを好ましい状況に維持していくことですが、特に重要なのは、「まちとともに歩む人づくり」「社会関係資本の拡充」です。前述したように、まちはまちに関わる人たちの心によって姿を変えます。良いまちとは、よき人たちが多いまちのことです。この基本を決して忘れてはいけません。

人づくりのためにすべきは、問いかけとメッセージと実践による学習です。これにより、帰属、コミットメント、継承意識を培えれば、まちづくり人は一人前に動けるでしょう。さらに、まちづくりのメンバーには、民主的、科学的、他利の精神が不可欠です。ボランティアにも責任と自発的参画意欲が必要です。こうした市民が社会にコミットしていくための素養を養うことをバックアップするのもＮＰＯの役割だと思います。

第二に、経済はアクティビティのためのエンジンの一つとして欠かせませんが、利益を生まない活動もまちを支えるもう一つのエンジンであることをしっかりと再認識することです。暮らしにとって金銭は重要ですが、人生にはそれ以上に価値のあることが山ほどあります。心から感じられる幸せは、金では買えないのです。

第三に、まちづくりは農業のように行うべきだと思います。作物が育つには一定の時間がかかります。焦ってよけいな栄養を与えても枯れるだけです。また、農地に嵐や、雪や、動物やいろいろ作物を脅かすものが襲うように、まちにも開発や災害などがやってきます。育って実を結ぶものもあれば、そうでないものもあるでしょう。まちづくりの活動も、うまくいくこともあれば失敗することも多々あります。しかし、よく見てください。いろいろなことがあっても、手をかけた農地は全体として豊かな緑の風景を表すでしょう。まちも多くの努力が積み重なれば、魅力的な姿を現すのです。

農業にたとえるならＮＰＯの仕事は、土作りと試験的種まきと、雑草取りです。急がず、慌てず、信念に基づき、揺るぎなく、志に従い続けることが、まちづくりびとには大切だと思います。

寺田　これからの課題やテーマは？

山下　繰り返しになりますが、引き続きの課題は社会関係資本の強化でしょう。まちの課題をコミュニティの弱体化とし、その解決策を考えようとする行政やコンサルの報告書はあまたありますが、そのとらえ方や解決手法・方策はあまりに教科書的で形式的なように感じます。現代は前人未踏の多様な問題に直面しており、従来の解決方策など陳腐化しているからです。まず解決すべきは、柔軟な発想と行動力で現場に向かうことの出来る人材の養成です。

第二に、まちづくり活動を地域に根付かせるための仕組みづくりも重要です。いつまでも、ＮＰＯやボランティアに頼るだけで、感謝も利益還元もはからず、開発利益を利己のものとしかしようとしない意識構造では、何かの弾みでいずれまちはサポーターから見限られ疎まれることになるでしょう。まちが活性化したなら、商業のまちらしく開発利益を尽力した集団や個人に還元すべきでしょう。

また市民活動には、企業活動と違い、事業に対する責任意識の甘さや人間的いい加減さがつきまとい、カネに惑わされる人も紛れ込みます。これに目をそらさず冷静に向かい合って、活動理念を確固たるものとして持続させていくかが大切な課題の一つです。

まちのダースベイダー（まちを壊すもの）は内にも外にもいます。欲をかくと、善良な市民も町の破壊者になります。まちを継承していくことは誰にでも当たり前にできそうですが、そう生やさしいものではありません。何百年と続くまちの課題解決のための戦いはまちづくりの必然。でもがんばるしか道はありません。

寺田　後に続く人々へのアドバイスは？

山下　アドバイスとしていえることは、手探りを楽しむこと。ゆっくりとした試みを楽しむこと。継続すること、あきらめないこと、信念を持ち続けること、行うこと、振り返り深掘りすること、立て直しを厭わぬこと、仲間を増やすこと、など当たり前のことしかありません。

多くの方々が、カネ稼ぎや私欲を拡大することを目的にしないＮＰＯ活動やまちづくり活動が、実は篤志家しか関わらないような特別なことでなく、社会の中で生きる人間には当たり前のことであることに早く気づき、まちや社会にコミットすることが、結局は、自らの人生をまちや仲間の中で豊かで幸せな人生を送ることに繋がるのだと実感できるようになれば、私もあなたも、まちも社会も素敵なことに巡り会えるようになるのではと思っています。

寺田　貴重な話をじっくり聞かせてもらいました。

第四章

三都有情

1　京都

地蔵盆

敷居が低い地蔵様

京都市内にはお地蔵様を祀る祠《ほこら》が無数にある。町内の道のあちこちにお地蔵様が必ず鎮座しており、時折熱心に手を合わす男女の姿が目につく。京都五山の送り火を終えた八月の土、日曜日に京都市内のあちこちで地蔵本盆がおこなわれることもあり、市内では車両通行止めの札がたつ。

地蔵様は日本伝来以来、土着在来信仰との習合を繰り返してきたという。大昔は天道大日如来、阿弥陀仏如来、観音菩薩、道祖神などもお地蔵様と呼んだ形跡があり、だから市中の祠には地蔵菩薩とともにいずれかの二体が並んで祀られているのが結構多いとのことである。日本において地蔵様はローカルであるがグローバルなのである。

地蔵様は六道（天、人、修羅、畜生、餓鬼、地獄）をかけめぐり、この世とあの世を行き来できる存在であり、敷居が低くどこにでも出かけて行き、子供と遊び罪人を助け境界を越え多様な利益をもたらし、庶民にとってはとってても身近なありがたい存在であった。

だから全国各地で地蔵盆が盛んであったようだ。十七世紀以降名前をつけることがはやり、例えば釘抜き（苦抜き）地蔵、目やみ地蔵、雨やみ地蔵といった類いのものが多くあったようだ。

ところが明治初年の廃仏毀釈《はいぶつきしゃく》によって地蔵盆禁止令が出され、京都でも市中の路傍から地蔵様が処分された。各町内の由来を聞くと、「井戸の中から出てきた」「工事中に地中から掘り出された」「川底から引き揚げた」など、受難の歴史を経ている。禁止令からしばらくした明治中期、大正、昭和になると、「お寺から貰い受けた」「新たに作った」など、徐々に道々に安置されるようになった。元来地蔵盆は大人の宴であったが、明治期以降は「子供を守る役割」に特化され今日に至っているが、それは端的に言えば児童数の増加に関わっているらしい。明治二十三年発令の教育勅語とからんで、地蔵盆は義務教育の対象である児童の富国強兵策を実践するための場へと変化していったと考えられる。

さて、現在地蔵盆は関西地区に多く残り、しかも京都市内、周辺が一番多いということだが、これは何故だろうか。各宗派の寺が圧倒的に多く、信仰心に富んだ人が多い京都ならではのことなのか、是非解明して欲しいものだ。

京都市では「無形文化遺産」として、平成二十六年十一月、『京の地蔵盆』を選定して、その伝統的な民族行事の保存をはかろうしている。特に町内安全と子どもの健全育成を願う行事を支えることにしたが、これは地域のコミュニティの活性化に貢献することでもあり、都市としての良識ある政策の一つだと思う。

少子化で苦労の地蔵盆

八月の地蔵盆にはあちこちの地蔵盆を見てまわったが、各町内とも場所が工夫されていた。地蔵を安置したお堂の前の道路上にテントを張り、台を置いてというのがごく普通の光景であったが、車通行の関係か路地は別にして道に面した住宅や店舗の一間やガレージ、倉庫、空地、児童公園、お寺の境内、お寺の前の路上空間などさまざまであった。中には廃業した銭湯の脱衣場というのもあったと聞く。年ごとに回り持ちで会場を変えているため場所の確保が大変な悩みのようだ。だが一番の苦労は少子化によってどこの地域でも子ども集めが大変で、かつマンションの新住民による不参加がいつまでも地域としての一体感をそいでいることだ。

ともあれキープしたスペースに地蔵様をきれいに手入れして置き、僧侶の読経の後、世話役の話、小さい子の紹介（デビュー）、場合によっては数珠回し、ゲーム、お菓子配り、福引きなどが行われるが、正直にいって子どもたちにとってゲームやお菓子配りはあまり魅力的でないらしく、役員の方々が苦労している様子だった。かつては二階の窓から張ったロープでカゴを下げ景品入れて降ろす「ふごおろし」が人気であったようだが、それも少なくなったという。むしろ準備段階や終了後の後片付けでの大人たちのコミュニケーションの場になってきているのも仕方ないことかもしれない。

それでも平成二十七年二月に行われた「お地蔵サミット」には京都市内のみならず滋賀県大津市、兵庫県西宮市からも参加した地蔵盆保持グループの力強い展示には、地域の力の結集力を感じられたものだ。

京大建築高田研究室から参加のグループ調査に基づいた報告では、前田昌弘助教による「地蔵盆には、地域のコミュニティが備えておくべきレジリエンス（不確実な変化や危機に対処する柳の枝のようなしなやかな強さ）を備えていると考えられる」という指摘は、これからの地蔵盆の新しい方向を示唆する何物かがあるように思えたものだった。

2　金沢

加賀友禅

犀川《さいがわ》、浅野川河畔の春秋の花々、兼六園の冬の雪吊り、卯辰山《うたつやま》の夏から秋にかけての景色など、金沢は四季おりおりの美しい風情を見せてくれる。百万石の城下町だけあり、茶道、能楽、謡など日本の伝統文化が色濃く残っており、前田家の庇護を受けて長い歳月をかけて育まれた数々の伝統工芸が現在も花開いている。工芸品は名をあげただけでも九谷焼をはじめ漆器、箔、象嵌《ぞうがん》、水引、和傘、提灯、表具、毛針、仏壇などその多彩さには驚かされるが、その中にあって白眉《はくび》というべきはなんといっても加賀友禅だ。

加賀友禅会館（市内小将町《こしょうまち》）を訪れてみる。そこでは友禅の歴史的推移や奥深さの一端にふれることができる。およそ五百年前、加賀独特の染め技法「梅染《うめぞめ》」に端を発し、これに模様が施されようになり加賀御国染めと呼ばれる色彩の技法が確立されていた。そこに京都の町で人気の扇絵師・宮崎友禅斎《みやざきゆうぜんさい》が正徳二年（一七一二）に金沢に身を寄せて、斬新なデザインの模様染めを次々と草案し、加賀友禅の誕生に寄与したのだ。

特徴は加賀五彩といわれる「藍《あい》、臙脂《えんじ》、黄土《おうど》、草《くさ》、古代紫《こだいむらさき》」を縦横無尽に使い、写実的な草花模様を中心に絵画調の柄が特徴で、線にも手書きの美しさが感じられる。「虫喰い」や外を濃く中心を淡く染める「先ぼかし」の技法が使われ、繊細な日本の心と染めの心が脈々と息づくことになった。

工程は下絵、糊置き、彩色、中埋め、地染め、水洗などだが、最後の川での水洗いがかつて金沢の風物詩になっていた。今でこそ良質な地下水を求めて郊外の専光寺の染色団地に移転してしまい、あまり見ることはできない。かつては卯辰山が大きく影をなげかける浅野川、遠方の雪山から流れる犀川の清冽《せいれつ》な水の中から、加賀友禅

加賀友禅の彩色と水洗い
（協同組合　加賀染振興協会提供）

の絵模様が誕生するといわれていた。

　友禅模様の絹布を一定時間水にさらすと伏せ糊が剥《は》がされ、糸目糊が落ちて写実的な模様ときらびやかな自由奔放な色彩の友禅模様の全容が現れる。だから加賀友禅が一時に花開くのがこの友禅流しなのだ。しかも時期としては寒中の水がもっとも良いとされてきた。何故なら寒中の水は酒の醸造と一緒で、防腐効果が抜群。あたたかい水では色のあわれかたがぼけるが、寒中の水では絹布もよくしまり色が鮮やかに出るとか。しかも糊を落とすためにはただ川に流しておけば良いというものでなく、力をいれて洗わねばならない。まさに寒冷に耐え、根気とねばりの孤独な作業である。今ではわずか数人の職人さんしか冬の浅野川で仕事をしていない。

　次に宮崎友禅齋の墓所、卯辰山の龍国寺を訪れる。彼自身は京都知恩院の門前で扇面を描き大評判となった人物で、井原西鶴の『好色一代男』には伊達男の間で「友禅扇子を持たない人間はお洒落でない」と記述されており、彼の人気振りが想像される。彼は扇から次第に染物の絵師になり、衣装ひな型の出版などで友禅染への道が拓けると、扇のみか小そでにも流行する友禅染めと世間から喝采を浴びていた。その後先に記したように金沢に移り住み、加賀友禅染め開発に力をそそいだのだ。大正期に入って龍国寺境内から友禅碑が発見され、過去帳から二二三回忌の法要を記念して寄進建立され、かつ元文元年（一七三六）六月、八三歳で終焉したことも明らかになった。

墓石とともに、石碑には京都にちなみ「京のことまた口に出る余寒かな」と刻まれている。

歴史的には友禅以前の着物には絞り染め、刺繍などの豪華なものが多々あり、天和年間（一六八一〜八三）には「奢侈《しゃし》禁止令」が出され贅沢品が禁止されたが、そんな中にあり禁止令にふれない美しい着物をもとめる声が女性の中にたかまり、友禅染めが考案されたのだ。友禅が生み出したとされる染めは、もち米を使って防染（染液が沁込むのを防ぐこと）し、複雑な模様を鮮やかに染め上げるという技法で、自然に題材をとり流麗な図柄と美しい色合いをそなえた和装の一つの頂点ともいえる。公家文化に彩られた優雅な京友禅、粋を表《あらわ》したような手書きの江戸友禅、色数を控え堅実な気風を表現する名古屋友禅、自然を写実しつつ豪華で着物としての風格がある加賀友禅と各地の特徴が出ていて比較するのもまた楽しい。

地元金沢の女流作家であった井上雪（一九三一〜九九）の随筆『金沢の風習』（昭和五十三年）から友禅に関する文章を紹介しよう。

長い伝統をもつ友禅染は、水のなかで誕生し、幾多の職人たちの哀感を籠めて女性の身をかざる。まるで水面に浮く桜の花弁のように淡く、絵模様が羽衣のようにたゆとう。

毎年六月には浅野川で金沢百万石祭りの前夜祭の行事の一つとして、友禅の関係者の手によって描かれた灯籠流しがおこなわれている。だが時代を反映してか、昨今では友禅染めそのものの生産量がかなり落ち込んでいるようだ。加賀友禅は加賀全女性の夢のあらわれだ。生産存続に向けて力の結集を望むことしきりである。

（『日本再発見紀行　第2集』文芸社平成三十一年）

3　神楽坂

路地の風情

神楽坂のまちの魅力は、つきつめていくとそこに路地があるからだということがだんだん分かってくる。まちの人にとっては、路地は昔からあるのでということだが、外から来た人間にはそこがよく見える。

もともと路地は人が通る小路だが、すれ違い時に挨拶が取り交わされ、雨傘をかさげて相手をいたわるコミュニケーションの場である。また両側に並ぶ住居や小さな商店などの居住者たちを結びつける媒体でもある。そして更にはまちの記憶を保有する貴重な文化装置であり、かつ歴史や風情や文化をまちに伝えつづける流通路でもある。

ＮＰＯ法人粋なまちづくり倶楽部を立ち上げた平成十五年（二〇〇三）に、その開会の挨拶にたった理事長としての私が発した言葉はおおむね次のようなものだった。

「昨年来、火事で焼けた法善寺横丁が約三メートルの道幅をそのままにして（都市計画法や建築基準法によると、建物の立て替え時には中心線から二メートルの間隔をとるということで、道幅が最低四メートルに広がらざるを得ない）欲しいと全国へ訴えたのは、道幅を変えると横丁の風情が変わってしまうからなのだ。横丁の人々が訴えた『元どおりにして！』という願いは、消失したのは店舗だけではなくて『横丁（路地）の情緒そのもの』だったからだ。近代都市は火事ばかりでなく、大規模開発で小さな路を根こそぎ無くそうとしている。われわれＮＰＯはこういった神楽坂のまちにある路をなくさない、変えないという決意のもとまちの風情を如何に保存させていくかということだ」

季刊『まちづくり』八号―平成十七年、私は「神楽坂路地のあるまちづくりを目指して」と題して次のような文章を書いているが、これらの言葉は今でも変わらない。

――西の法善寺横丁が庶民的な路地なら、東の神楽坂のそれは花柳界の粋な文化によって長い年月をかけて磨きあげられてきた格調高いしつらえ空間である。江戸のもてなし文化や芸能文化が、「粋」というエキスになって路地にあふれ、その路地を介して街の住民の心の中に浸透している。もともと路は場所だけでなく、時を沈殿させ文化を育むところである。

だから神楽坂の路地は粋を伝える貴重な文化遺産だ。高度成長で画一化される直前の表の街並みとあいまち、裏側で街の情緒、風情を支えている路地こそ、神楽坂にとっては一度失ったら二度と戻らない「価値」そのものだといえようか。

路地に執着するのはたんなるノスタルジーではない。路地は都会の襞《ひだ》であり、陰影であり、都会を蔭でささえている小さな細胞体が集まっているところなのだ。高度成長下の近代建築理論では絶対生み出せない、画一を嫌った貴重な場所なのである。

後記

かつて私はサラリーマン時代に赴任した東京、名古屋、茨城県石岡のまちについて、それぞれに「都市としてかくあらねばならない」というタッチの評論を書いた。満八〇才を迎えた現在、今回は思うがまま、感ずるがままのサラリとしたものにした。都市に向かい合う姿勢としては、肩の力を抜いてまちの歴史を学び、まちの佇《たたず》まいを愛《め》で、まちの人々と自然体で接し、そこで感じたことをまとめてみた。

京都や金沢、神楽坂で、昼間だけでなく夜のまちも何ヵ月か過ごすと、取り付く島もなかった土地も懐を開いて包んでくれる。未知であった土地が自分にとって既知となり、他人事ではなくなった。てっとり早くいえば、それぞれの土地の精霊たちの見えざる加護によって、除々に自由自在に遊ばせてもらったという感覚だ。これは個人としては無上の喜びであった。これこそ年を重ねた人間の、まさに生きる醍醐味でもある。

さてこの書は、私が受け持った大学の学生達の授業のサブリーダーとして読んでもらうために、第一、二章とも一昨年の春に約三ヵ月間で一気に書き上げたもので、部分的には理や情がすぎて、その都市の人々に不快な感じをあたえてしまう箇所もなきにしもあらずだと反省している。第三章はその地を愛する方たちの真摯なまちづくり活動を拝聴したもので、こちらの方は読み応えのあるものと考えている。第四章は都市のもつ有形・無形の襞《ひだ》に注目して若干ではあるが書いたものである。

今は三都市の多くの人々へ、感謝以外に言葉はない。

平成三十一年三月

寺田　弘

寺田　弘（てらだ　ひろし）

【著者略歴】

昭和13年　東京深川生まれ

（東京大学工学部研究生課程修了（都市工学科））

　39年　住友軽金属工業入社

平成11年　同社退職

　12年　文芸事務所三友社入社

　26年　同社退職

【主要著書】

『水と緑のまち石岡』（大平堂出版）

『往き交いのときめき――名古屋に吹く新しい風』（木文化研究所）

『東京　このいとしき未完都市』（日本図書刊行会）

【共著】

『路地のあるまちづくり』（学芸出版）

『粋なまち神楽坂の遺伝子』（東洋書店）

私の新三都　**京都　金沢　そして東京は神楽坂**

2019年3月15日

定価はカバーに表示してあります

著　　者　寺田　弘

発 行 者　有馬三郎

発 行 所　天地人企画

〒134-0081　江戸川区北葛西4-4-1-202

電話／Fax 03-3687-0443　振替 00100-0-730597

印刷・製本　㈱光陽メディア　装幀　㈲VIZ 中平都紀子

ISBN978-4-908664-06-9 C0052